Grégory REUTER Architecte D.P.L.G
Site internet : http://www.gregory-reuter.com/

Travail Personnel de Fin d'Etude

Date de soutenance :27/11/2002

Mise en œuvre d'un complexe urbain autour du périphérique de Paris

(Développement de la frange périphérique Porte des Lilas)

Directeur d'étude : **Serge Dollander**

Second enseignant : **Philippe Boudon**
Site internet : https://fr.wikipedia.org/wiki/Philippe_Boudon

Membres du jury : **Elisabeth Mortamais**

Enseignant extérieur : **Alain Sarfati**
Site internet : http://www.sarea.fr/

Personnalité extérieure : **Jean-Paul Jungmann**
Site internet : http://www.jeanpauljungmann.fr/

Mémoire 3eme cycle : L'image, le langage et la communication en architecture. Ministère de la culture

Ecole d'Architecture Paris la Villette

© 2016, Gregory Reuter

Edition : BoD - Books on Demand
12/14 rond-point des Champs Elysées, 75008 Paris
Imprimé par Books on Demand GmbH, Norderstedt, Allemagne
ISBN : 9782810618927
Dépôt légal : avril 2016

Avant-propos.

Faut-il réécrire ou réajuster un texte, un projet quinze ans plus tard ?
Oui et non. Non, parce qu'à la relecture, l'ensemble me semble toujours cohérent et approprié. Oui, parce que l'essentiel n'est pas forcément mis en évidence dans le texte qui peut sembler parfois complexe. Mais les Architectes se doivent de manier la parole comme le stylo et désormais l'informatique. j'ai dû me replonger dans les archives, et il semble évident désormais, que le projet proposé se doit d'être non seulement un ensemble que je ne remanierai pas mais que je compléterai dans le corpus pour présenter une démarche, un maniement intellectuel qui n'a pas été une évidence immédiate mise en orbite mais bien une synthèse et un aboutissement qui a parfois subi des aléas. Cela du point de vue de la démarche artistique et architecturale mais également du point de vue de la recherche de la métaphore. Ainsi, si j'ai conservé la maquette informatique de 2002, cela presque par miracle, j'ai pu recalculer les images avec les nouveaux outils, cependant, je n'ai effectué aucune modification des plans et de ladite maquette. Le temps passant, il y aurait avec l'expérience du métier bien quelques modifications à apporter mais cela ne me semble pas important. Est-ce que le Cinéma qui est le projet le plus détaillé mérite un remaniement pour dessiner des Sas, des sorties de secours supplémentaires pour être définitivement aux normes avec les conditions d'accessibilité et de sécurité ? Je ne le crois pas. Car là n'est pas le secret de ce projet. C'est l'outil, l'util d'une recherche qui doit être restituée, et le cinéma, restera donc au stade de l'esquisse.
Enfin, au sujet du temps qui s'écoule entre le diplôme et l'actualité Architecturale en 2015, ce projet est toujours aussi pertinent, c'est bien cela qui me motive à le diffuser. En effet, il suffit de se plonger sur la « mutation » qui a été réalisée entre temps Porte des Lilas en France (Google Streets view) pour comprendre que les urbanistes qui m'avaient demandé mon diplôme un an plus tard n'ont nullement tenu compte de mes propositions et ont de fait morcelé, découpé en pâté-bâtiments, en plots comme à leur habitude avec un zonage mixte (bureaux, Logements…). Il y a bien un cinéma qui faisait défaut, mais l'ensemble est froid comme d'habitude. C'est mon point de vue, puisqu'en France un Architecte est aussi un Urbaniste.
Une raison de plus pour remanier le texte.
Enfin, pour résumer les conditions d'obtention de ce diplôme, je n'ai eu que mention bien, je n'allais pas bien, et je pense désormais, que le jury prestigieux qui impressionnait mon directeur d'étude et qui a délibéré en cinq minutes m'a bien rendu les honneurs en m'assignant le titre de « Poète DPLG ». Un regret cependant, M. Jungmann, s'était levé de son siège dépité, voyant que j'avais enlevé la couverture du périphérique sur les conseils de M. Dollander ; ce qui était de toute évidence une erreur, que je vous laisserai découvrir au fil de la lecture de ce projet. Alors reprenons. Une dizaine d'années en arrière. En écrivant ou en rectifiant au passé.

1-Les raisons du choix du sujet, du thème d'étude.

J'ai trois, voire quatre thèmes d'études qui s'inscrivent dans une recherche souvent entreprise avant de commencer mon TPFE (Travail personnel de fin d'étude). Ces thèmes rejoignent donc en partie des travaux effectués à l'école avec des professeurs qui font partie de mon jury. Dans ce premier rapport, j'analyse principalement le concept ou le thème d'une mise en œuvre d'un complexe urbain qui fait actuellement défaut sur le site.

A) Le choix du site.

Le choix du site, la frange qui longe le périphérique près de la porte des Lilas a déjà fait l'objet d'un travail avec Madame Mortamais qui connaît bien ce site. Si l'aboutissement de mon travail était axé sur le développement d'une thématique : le chaos, je n'ai pas eu le temps de réaliser un travail architectural abouti. Mon projet n'a donc plus rien à voir avec mes propositions antérieures et c'est tant mieux. Le site suggère de relever un défi, celui d'une inscription architecturale volontaire dans un contexte difficile ; Le périphérique est désormais recouvert par une dalle béton, ce que je voulais éviter absolument. Le site permettait un dialogue entre le périphérique et les abords immédiats ; en effet, l'îlot sur lequel je travaillais était en friche. Le site dégageait deux perspectives principales que je prenais en compte. Tout d'abord, à partir de la place des lilas. Il y a visuellement un front imposant constitué de logements massifs (des cités immeubles) et sur la droite vers le périphérique se dégagent deux tours de bureaux. La frange devait établir un lien visuel entre ces deux évènements ce que je faisais par l'introduction de bâtiments-panneaux perpendiculaires qui établissaient un front visuel en même temps qu'une répétition. La centralité du site existe par les nombreux débouchés offerts ; le périphérique pour les voitures, le métro et les nombreuses lignes de bus qui desservent la banlieue à partir d'une gare située à 150 mètres du site. Mon projet, un parc de loisirs, était une réponse envers la banlieue qui manque d'activités, surtout lorsqu'on regarde les possibilités offertes à Paris, dans le 19eme et 20eme arrondissement. Les alentours, du côté de la banlieue n'ont pas de circuit commerçant qu'il serait de toute façon difficile de créer. Il y a peu de cinémas, de théâtres. Bref, la banlieue n'est pas mieux lotie.

B) Continuité et rupture pour l'avenir.

Nature du périphérique

Le rapport entre l'îlot et le périphérique se traduit par une double exigence. Il y a d'un côté la perception furtive de l'environnement par le conducteur qui circule sur le périphérique, (la majeure partie du périphérique est toujours non traitée) et de l'autre la perception du périphérique et de la frange par les habitants et les passants. Deux regards, deux rapports d'échelle différents. Le front périphérique est globalement constitué de murs de séparations, d'immeubles imposants, de publicités géantes placées le long d'un circuit où tout se ressemble et ou les réponses architecturales sont rares. L'évolution du regard des conducteurs doit pourtant se modifier suivant les traitements du périphérique dont les réponses peuvent ou doivent être originale, et non uniforme. Si le périphérique reste une plaie qui est peu traitée, le périphérique est une rupture qu'il est impossible de nier. Cette rupture enclave Paris, et enclave la banlieue, et les tramways et les dalles n'apportent aucune réponse méthodique quand la solution que je propose pourrait devenir une réponse de fait à cet enjeu en créant une nouvelle identité comme Haussmann a relevé le défi au 19eme siècle.

Continuité et rupture

La continuité et la rupture sont les deux référents parfois antinomique de la recherche urbaine architecturale, comment aborder la banlieue et plus encore le périphérique sans aborder ce thème qui doit être dépassé ? Leur codification dans l'imaginaire des professionnels peut être résumée de la manière suivante : La continuité est avant tout une entité urbaine, le projet architectural doit se plier à la réalité urbaine pour être parfaitement intégré. À l'inverse, la rupture est le sujet avant gardiste de la prééminence de la recherche architecturale. Ainsi, Krier prône l'urbanité classique contre le désordre et le fouillis de l'architecture objet, quand Libeskind s'insurge contre les contraintes architecturales qui étouffent la création à Berlin. Ma réponse est double et répond à ces deux problématiques qui sont censés. La réponse que j'apporte face au périphérique est la volonté de digérer la rupture en apportant une continuité et une discontinuité visuelle du périphérique. Ainsi, les préoccupations sur l'intégration de mon projet vers la banlieue ou vers Paris sont avant tout programmatiques et esthétique. Le périphérique se doit d'être à l'avant-garde. C'est un enjeu pour Paris qui est à bout de souffle.

C) Le boulevard périphérique

Ce qui rejoint la préoccupation de Marc Mimram dans sa conférence à l'arsenal intitulée « s'abstraire de l'abstraction » : ou il critique : « les théories de la ville sur dalles, la ville nouvelle considérée in abstracto, sans référence au territoire se prolongent aujourd'hui avec les autoroutes, les radiales, les voiries souterraines : plus besoin de toucher le sol pour les bâtiments . . . Plus besoin de voir le jour en voiture. ». Et plus loin de poursuivre: « Prenons l'exemple du boulevard périphérique, qui était il y a 30 ans encore coulé en ville, attaché à elle et aurait pu, avec peu de moyen, devenir un boulevard urbain. Soudain, le boulevard s'est abstrait du territoire pour renvoyer dos-à-dos, ville capitale et banlieues, ville centrale et périphérie. » Le périphérique est bien ce No Man's land) qui réfute toute intégration véritable du périphérique dans la problématique de la ville. Mais ma réponse va plus loin, puisque le périphérique est une voie rapide de transport que l'on ne peut plus modifier en revenant à des propositions dépassées.

Qu'est-ce qu'un boulevard?

Définition du dictionnaire de l'urbanisme de Pierre Merlin et Françoise Choay:

De L'allemand Bollwerk, ouvrage de défense, fortification (XVe Siècle), ce terme signifie d'abord le terre-plein d'un rempart, le terrain occupé par un bastion ou une courtine. Par extension, il désigne ensuite la place forte, puis la promenade ou la large voie de circulation plantée d'arbres qui, sur l'emplacement de ses anciens murs ou fortifications, fait le tour de la ville...

J'ai la volonté de restituer les attributs du boulevard dans les limites de mon projet et en prenant en compte la réalité du périphérique. Ainsi, du périphérique, on verra une promenade (un jardin.) et des bâtiments successifs.

D) Mise en œuvre d'un complexe urbain (esquisse des thématiques)

La mise en œuvre d'un complexe urbain ou sa planification centralise toutes les autres thématiques que j'aborde; elle s'accomplit par la cohérence des choix architecturaux liés à la définition urbaine, la définition de l'espace public, les choix d'installation du mobilier urbain qui définiront dans une certaine mesure l'architecture du site mais aussi l'usage de la programmation et l'usage autorisé de la circulation automobile à l'intérieur de l'îlot qui conditionne la densification future de l'îlot.

Face à la programmation qui est par nature aléatoire avant toute réalisation effective, je souhaite proposer un carcan architectural. C'est ce travail que je propose en développant l'identité des bâtiments-panneaux. Et en déterminant une programmation libre mais identifié, et délimitant une réponse allant du plus petit élément (le mobilier urbain par exemple) au plus grand (laissé libre à l'imagination) en passant par une thématique claire sur les jardins et ou les auvents. L'identité de New-York regorge de ces principes qui lui procurent une identité forte et multiple ou les rapports d'échelle permettent de s'évader vers le ciel sans pour autant renoncer à l'humain. Point de Skyline dans mon projet, mais les tours panneaux devraient pouvoir gagner encore en hauteur selon le principe énoncé ci-dessus.

En effet comme l'explique Benjamin dans son texte « L'œuvre d'art à l'époque de la reproduction mécanique », une des caractéristiques de l'art consiste à distraire la perception contrairement à l'art traditionnel qui nécessite une lecture attentive. Ainsi : "En ce qui concerne l'architecture, l'habitude détermine dans une large mesure même la perception optique. Elle aussi, de par son essence, se produit bien moins dans une attention soutenue que dans une impression fortuite" P 168 dans écrits français Gallimard.

C'est pourquoi la planification doit répondre à ces deux problèmes, la furtivité par la vision que l'on aura des franges vue du périphérique et la lecture attentive faite de signes qui concernera les piétons mais aussi les chauffeurs par la mise en place d'une métaphore urbaine, la métaphore du train qui est une thématique qui répond cette fois à la programmation architecturale.

Dernier thème utilisé : « l'image et la création en architecture » qui a fait l'objet de mon mémoire de troisième cycle avec Philippe Boudon et qui concerne aussi bien la recherche architecturale que sa communication. Cette ramification visible mais moins opérante dans mon projet puisque ce mémoire traite surtout de la méthodologie et de la signification de l'image conserve toute son actualité dans le traitement que je fais de l'image mais aussi dans les recherches que j'ai pu mener, que ce soit pour la métaphore (prolongement indiscutable de l'image puisque la métaphore est aussi en partie une image)

2- Présentation descriptive du projet.

A) les bâtiments-panneaux. « Roue et caténaire »

Ce sont des volumes capables tous identiques. Leur fonction est celle de bureaux de commerces de logements.

Ils définissent la frontalité de la frange. Placés perpendiculairement au périphérique ils sont ouverts ce qui évite de fermer l'espace visuel.

Ils sont placés, tramés, sur la plate-forme, et assurent le passage de la rue vers le jardin puisque le rez de chaussé est libre.

-Les panneaux créent une homogénéité.

-Ils créent un rythme et des séparations ce qui accentue l'idée des séquences et développe la furtivité d'un espace qui est visuellement embrassé dans sa totalité. Ils créent une continuité quand la métaphore du train produit visuellement une discontinuité.

Enfin, leur disposition dans l'espace est définie à posteriori puisqu'ils sont définis par la métaphore du train. C'est le scénario urbain et le jeu des combinaisons et relations avec les bâtiments hétérogènes qui ont motivé ce choix.

B) le périphérique.

Ouvert sur la frange par la multiplicité des ouvertures, la forme part des deux ponts périphériques, à leur hauteur pour se redresser progressivement au centre. Le cinéma dans le projet est une locomotive économique et culturelle.

Une promenade sur une passerelle est aménagée qui met en scène le périphérique, le jardin intermédiaire ; des accès intérieurs sont créés pour que la promenade soit complètement intégrée. Métaphoriquement, je pense à la sortie de TGV réalisée par Greemshaw à Londres. Le lien est celui de l'enclos de verre qui accompagne la sortie du train et ici la sortie des automobiles. La couverture du périphérique mériterait dans le contexte du projet d'être remanié, mais la fermeture visuelle totale du périphérique serait une erreur visuelle, ce qui a été démontré précédemment puisque ce ne serait qu'enterrer la misère, il faut créer une identité spécifique à la couverture du périphérique et non la nier.

C) le jardin

Le jardin fait référence au chaos qui est la création d'un ordre interne qui doit être à la fois visible par son aspect mathématique et invisible par l'absence de données révélant l'énigme. L'avantage que j'ai d'abord perçu en essayant de fusionner les principes de Cantor et de Fibonacci (qui sont assimilés à des précurseurs du chaos scientifique actuellement exploré) est que les qualités de ces deux systèmes permettent de développer une certaine complexité et un jeu labyrinthique ouvert. Pour encombrer et délimiter une vision du provisoire et de la distraction le long du jardin périphérique entre les franges et les voitures. Mon propos n'est pas de définir avec exactitude ce que doit être ce jardin mais d'amener l'idée de créer une piste, une promenade. Les jardins devront prendre en compte l'existant (il y a de nombreux arbres) et créer des cachettes. La végétation est donc pensée comme l'occupation définitive ou provisoire du site, l'organisation de la végétation est inachevée, la répartition, donc l'utilisation de l'espace par la planification est aussi importante par la nécessité d'orchestrer le vide que de créer la présence, la figuration pleine et entière.

D) Les auvents-le mobilier urbain.

À côté de la locomotive il y a un auvent qui longe la locomotive qui fait office de couverture pour la terrasse en même temps qu'il suggère dans la métaphore du train le quai. Les auvents sont répétés à d'autres endroits du site.

Le mobilier urbain
Le mobilier urbain doit être pensé de manière globale et répétitive, de la même façon que les bâtiments-panneaux.

E) La passerelle.

La passerelle, le long du bâtiment périphérique, est un lien architectural qui met en relation le périphérique, le jardin et la frange pour les piétons. Elle permet de diversifier les points de vue.

F) La voirie, le stationnement.

La voirie est un sujet qui en architecture a fait couler beaucoup d'encre, La voirie est pour Le Corbusier l'ennemi de l'espace vert ; cette séparation, la volonté d'affirmer une distance entre les piétons, et les véhicules a permis de développer une dialectique dont les formules sont connues : zonage fonctionnel, hiérarchie et séparation des circulations, rejet en périphérie des activités utilitaires. La voiture ennemi du bien comporte pourtant bien des atouts qui sont redécouverts en même temps que l'échec des villes et des développements fonciers (la parcelle devenue inexistante) est devenu flagrant. Comme le dit Pierre Belli-Riz dans les espaces publics modernes éd le moniteur p72: « Le stationnement le long des voies constitue la clef d'une possible évolution : véritable interface entre l'automobiliste et le piéton, c'est le lieu où l'automobiliste devient un piéton. Hier banni au nom de la fluidité du trafic, le stationnement le long des voies apparaît comme facteur de régulation de la vitesse, donc de sécurité pour les piétons. (. . .)Sur les territoires de l'ambiguïté, ceux de la ville moderne, se développent des modèles plus ou moins fantaisistes. Leur conception procède par accumulation de dispositifs réputés compensatoires, palliatifs ou correctifs : chicanes, quilles, « gendarmes couchés.» La ligne droite est ici jugée responsable de la vitesse alors qu'elle est considérée par les ingénieurs routiers et par les urbanistes rationalistes comme le tracé le plus simple et le plus sûr (. . .) Les parcours complexes ne risquent-ils pas de fixer l'attention des automobilistes sur la conduite, la trajectoire au détriment de ce qui se passe sur les côtés. C'est pourquoi je compte privilégier le stationnement sur la voirie pour que l'activité voiture-piétons participe davantage à la vie le long de la frange. La large voirie que je crée (une double voie à double sens séparée par des places de parking. La voirie est ralentie par cinq passages pour piétons à hauteur des bâtiments) donne une perspective et un recul appréciable pour bénéficier de la mesure des panneaux et des bâtiments.

3-Le programme : La métaphore du train.

J'ai choisi la métaphore d'un train mais chaque frange périphérique pourrait recevoir une métaphore différente. C'est logique puisque si je propose un ensemble architectural disparate, et libre de composition pour la libre expression d'Architectes aux identités différentes.

La métaphore fera l'objet d'un développement ultérieur. Il faut à ce stade savoir que les bâtiments sont des wagons avec en tête une locomotive et à l'autre extrémité une locomotive inversée (comme pour le TGV) et enfin une gare qui est l'entrée du parking souterrain sous la plate-forme.

La locomotive. Architecture « Postmoderne. »

La locomotive est en fait plusieurs bars composé de cônes tronqués, la métaphore s'approche ici de la métonymie puisque le cône tronqué figure la cheminée de la locomotive.

Le théâtre. Architecture « Déconstructiviste. »

Vient ensuite le théâtre qui est un wagon. Le théâtre existe actuellement (il ne sera pas davantage développé par rapport à deux idées. La première est la forme-fonction puisque comme le précise Philippe Boudon dans « architecture et architecturologie » il n'y a pas actuellement contrairement à ce qu'on imagine de définitions claires du fonctionnalisme ou de l'organicité de l'architecture. Ce bâtiment devra coller à une certaine idée que je me fais de la forme fonction. En effet celui-ci doit épouser les formes et les évènements qui composent un théâtre, c'est-à-dire suivre le mouvement et les formes des loges, des entrepôts pour stocker les accessoires, les décors...

Ici, l'enveloppe épouse l'intériorité.

La deuxième idée est celle du chiasme tel qu'il est défini chez Lacan et avant lui chez Merleau-Ponty. Un bar situé au plus haut niveau des spectateurs joue le rôle du Chiasme. Du bar, on peut voir les spectateurs à l'intérieur de la salle en même temps que le bar sort littéralement du bâtiment, tout en verre pour être visible de tous. Ainsi est constitué le chiasme ou nous sommes à la fois les seuls à voir (nous ne partageons pas la vision des autres même si nous réagissons comme le caméléon à notre environnement) et nous sommes visibles, regardés de toute part. Pour schématiser, lorsque nous regardons un tableau, celui-ci nous regarde et nous devenons tableau.

Ce bâtiment est une expression théâtrale, le fait est qu'il y a le risque que l'expression l'emporte sur la fonction, le reproche que j'ai entendu au sujet du musée Guggenheim de Bilbao est que le bâtiment est une œuvre qui ne s'efface pas devant les œuvres d'art. Le musée c'est le Guggenheim en lui-même. Pour positiver, Il me semble pour ma part que Bilbao peut être assimilée à une critique de la nature institutionnalisé du musée.

Le cinéma. Architecture « Pop. »

Le cinéma est constitué d'une multitude de wagons de volumétrie différentes, dispersés ou bien superposés. Le cinéma joue sur le contraste entre les salles obscures fermées et les espaces de circulation visible. Centré au milieu de la frange, il est un des bâtiments qui doit avoir le plus d'impact. Les salles sont visibles de l'extérieur, des affiches projetées permettent de savoir à l'avance dans quelle salle on doit se rendre. Le cinéma traverse un bâtiment-panneau de chaque côté ce qui crée une coexistence entre des fonctions différentes, de même façon, un restaurant et d'autres aménagements viennent diversifier les possibilités de l'espace central.

La galerie commerciale. Architecture « Minimaliste. »

La galerie commerciale est constituée de boutiques en forme de cônes tronqués qui rappellent les formes que j'utilise pour la locomotive. Si les formes se ressemblent, elles sont liées à une idée constructive. Les cônes qui assurent la structure principale sont en verre sérigraphies suivant une règle qui évite la surenchère publicitaire. De loin cela ressemblera à une cacophonie visuelle. À l'origine c'est l'idée récente et réalisé de la firme Lustucru qui a ouvert un restaurant à paris qui m'a donné l'idée de proposer une forme de valeur ajoutée à des boutiques ou des groupes qui pourraient être intéressé par le renouvellement de leur image. Prolongement de la galerie commerciale, un gros groupe (Virgin, la FNAC etc.) apporterait davantage de centralité économique au pôle de loisirs. L'apparence de l'ensemble est celle de la locomotive inversée mise sous-verre.

La gare, l'entrée du parking souterrain. Architecture « High Tech »

Enfin à l'autre extrémité, il y a la gare, grande structure qui figure l'entrée du parking en sous-sol sous la plateforme.

La plateforme. Le socle.

La plateforme a plusieurs usages. Elle crée une limite à une opération urbaine qui dans sa disposition pourrait s'étendre tout le long du périphérique. Elle renforce architecturalement le parti que j'ai pris puisqu'elle permet de différencier au niveau du sol et les bâtiments-panneaux qui sont disposés comme des roues ou des caténaires qui débordent avec précision sur un rail-plateforme dessiné à leur dimension et la métaphore textuelle qui sont comme des wagons de marchandises posés dessus. La plateforme est enfin le visage du périphérique à l'arrêt puisque c'est le dépassement du parking souterrain. Des ouvertures en forme de hublots TGV côté périphérique sécurisent et relativisent l'importance du parking qui peut être fragmenté au niveau des sous-sols.

4- Méthodologie : La métaphore.

La métaphore vient du grec metaphora qui signifie « transport » au sens matériel et abstrait. On mesure ce que le transport est à l'architecture, le paquebot, le train sont des architectures qui se déplacent au sens matériel, Il y a d'autres métaphores, le coquillage de Ronchamp en est une. Le paquebot est la métaphore architecturale par excellence, de la villa Savoye à Alvar Aalto, le paquebot fascine par ses formes, sa dynamique, ses cheminées élancées, son flottement au-dessus de l'eau. La villa Savoye flotte sur un océan de verdure, les ouvertures scandent le rythme des ponts de paquebot. La cheminée est également bien présente dans la villa. Dès lors pourquoi est-ce que la métaphore est progressivement devenue un exercice individuel quand on voit la production exceptionnelle du mouvement moderne ? Changement d'époque. Si la métaphore du train est dans une certaine mesure héritière de la métaphore historique de paquebot, cela n'est pas suffisant car une métaphore doit coller à son contexte. Ici, le périphérique traduit cette exigence de vitesse, de mouvement propre au train. Dans les faits, l'architecture doit également s'approcher de la métaphore pour que celle-ci soit l'émanation d'un contexte en fusion avec un projet qui surenchérisse et exploite une métaphore en germe. C'est ce que je me suis appliqué à faire même si dans les faits c'est d'abord par l'exercice de la réalisation architecturale que l'idée d'une métaphore s'est progressivement imposée. La métaphore du train est ici un prétexte, mis à part la locomotive et la gare qui exploitent textuellement le sens de la métaphore du train, les autres bâtiments m'ont permis de réfléchir conceptuellement à des architectures qui me permettent d'exposer des sensibilités et des préoccupations différentes qui jouent sur une hétérogénéité qui m'intéresse. Par-delà la figure littérale du train, la métaphore doit s'appuyer sur le rapport primordial entre la frange et le périphérique. Si le train que je dessine est à l'arrêt, le périphérique est en mouvement, c'est pourquoi le recouvrement du périphérique prend l'apparence d'un grand bâtiment, prolongement du mouvement d'une sortie de gare. A l'inverse, la frange est condamnée à l'immobilité et le mouvement ne peut être qu'architectural. Les voitures à l'arrêt, la continuité et la discontinuité sont les symboles que je mets en place face au périphérique.

Qu'est-ce qu'une métaphore?

Le modèle Aristotélicien.

La métaphore, entre autres figures, sert l'art de persuader.

La vérité n'ayant pas là un caractère de nécessite comme dans la science. Dans sa fonction rhétorique, la métaphore participe de l'opinion vraisemblable de ce domaine du probable, interposé entre la science aux vérités nécessaires (épistème) et l'opinion contingente (doxa). Dans sa fonction poétique, l'opération métaphorique sert la mimesis. Il faut traduire ce terme non par imitation, mais par représentation en la prenant comme l'acte qui rend présent. « La plus grande chose de loin est l'usage de la métaphore. Cela ne peut-être enseigné : car bien métaphoriser c'est voir les ressemblances. Aristote (poétique. 1459a)

C'est donc la construction du récit qui constitue la mimesis, la représentation. Il s'agit moins d'imiter une réalité que de rendre présent un réel.

Double tension : présentation de la réalité et invention d'une fiction. Aristote rappelle enfin qu'une métonymie ou une synecdoque sont avant tout des métaphores. Ce qui rend bien présente la nécessité d'évaluer la nature de la fonction poétique de la métaphore au-delà de la simple figure de rhétorique. Ainsi, la métaphore concerne aussi bien le langage que l'image, ce qui rejoint une des problématiques de mon mémoire de troisième cycle centré sur les rapports entretenus entre l'image, le langage, la fiction et la réalité dans la création architecturale.

La rhétorique moderne rend compte de cette problématique.

Il n'est pas possible de parler non métaphoriquement de la métaphore. Il n'y aurait pas de lieu non métaphorique d'où l'on pourrait considérer la métaphore.

La métaphore est un écart. La métaphore se distingue à la fois par l'emprunt et la substitution. Mais si le déplacement a pour résultat une simple substitution, l'information est nulle. C'est le cas de la métaphore morte (ex: « prendre ses jambes à son cou » n'est pas une métaphore originale puisque c'est une expression.)

Il faut toujours deux termes pour faire une métaphore. Le désordre logique n'est pas à rejeter car il produit du sens. L'opération métaphorique ne défait elle pas un ordre pour en inventer un autre. Max black fait de la métaphore une description de la réalité. Freud et Lacan ont fait de la métaphore un des moteurs de l'expression de notre inconscient. C'est une voie riche et prometteuse que je ne peux ici traiter.

Au niveau de la construction, Paul Ricœur, dans « la Métaphore vive » distingue la sémiotique, la sémantique pour atteindre finalement l'herméneutique. Il passe ainsi du mot à la phrase puis au discours avant de s'interroger ontologiquement sur la métaphore.

L'interrogation sur le mot permet de définir après Aristote la signification des tropes ; Les tropes par ressemblance consistent à présenter une idée sous le signe d'une autre idée qui se rattache par une certaine conformité ou analogie : ce sont des métaphores tant par l'étendue de son domaine que par l'absence de règles qui la constituent. La métaphore laisse toute liberté à l'imagination, à l'invention. La métaphore fait alors découvrir une analogie inattendue.

La sémiotique s'occupe des problèmes du sens du mot dans la langue (et non dans le discours) exemple : le train est perçu comme la somme de ses parties (gare+quai +locomotive+ wagons+rails) La synecdoque est une figure puisque c'est elle qui lie l'espèce au genre ou le genre a l'espèce, la métaphore devient une double opération.

Exemple: locomotive=cheminée=cône.

Ou encore, cheminée=fumée=onde=mouvement=rail=socle.

La troisième étude de Ricœur: « la métaphore et la sémantique du discours » établit la distinction entre sémiotique et sémantique, on fait correspondre l'opposition entre une théorie de la tension et une théorie de la substitution, la première s'appliquant à la production de la métaphore au sein de la phrase prise comme un tout, la seconde concernant l'effet de sens au niveau du mot isolé. Au niveau herméneutique (le discours) la ressemblance est comprise comme une tension entre l'identité et la différence dans l'opération prédicative mise en mouvement par l'innovation sémantique. Il y a connexion en tout discours entre le sens, qui est son organisation interne et la référence, qui est le pouvoir de se référer à une réalité (par exemple l'image) en dehors du langage. La métaphore se présente alors comme une stratégie du discours qui, en préservant et développant la puissance créatrice du langage, préserve et développe le pouvoir heuristique déployé par la fiction. Il ne faut donc pas seulement parler de double sens, mais de « référence dédoublée » ; ce qui signifie que la métaphore est la rencontre d'une référence qui fait sens et d'un redéploiement de cette même référence au sein d'une vision ; la vision et la référence sont conjointement aussi importantes pour dédoubler la rencontre de la réalité de la référence et de la réalité de la fiction. C'est comme si l'énoncé métaphorique visait la destruction de la référence, autodestruction rendue manifeste par une interprétation littérale devenue impossible. Ainsi, la métaphore est le processus rhétorique par lequel le discours libère le pouvoir que certaines fictions comportent de réécrire la réalité. Mais Max Black va plus loin puisqu'il pense que ce n'est pas la métaphore qui crée la ressemblance, mais la fiction qui crée la métaphore vive. C'est d'ailleurs bien la différence entre une métaphore morte et une métaphore vive.

De cette conjonction entre fiction et redescription Ricœur conclue que le lieu de la métaphore n'est ni le nom, ni la phrase ni même le discours mais la copule du verbe être. Ainsi, pour redécouvrir la pensée poétique d'Aristote qui refuse de démanteler la signification de la métaphore en sous-registres, Paul Ricœur déploie la notion ontologique du « est » qui s'apparente à la recherche de Heidegger sur la perte du sens de l'être. Le « est » métaphorique signifie à la fois « n'est pas » et « est comme ». S'il en est bien ainsi, nous sommes fondé à parler de vérité métaphorique, mais en un sens également tensionnel du mot vérité. Ainsi, l'ontologie rappelle la pluralité des modes de discours et l'indépendance du discours philosophique par rapport aux propositions de sens et de référence du discours poétique. Ainsi, fonder ce qui a été appelé vérité métaphorique, c'est aussi limiter le discours poétique, ainsi, il y a une césure entre la vérité poétique métaphorique (exercice de la création) et la vérité du discours sur la métaphore (expression logique d'une réflexion sur la vérité en art).

Conclusion sur la métaphore.

La métaphore n'existe que lorsqu'elle est pertinente, vouloir faire de la métaphore un exercice commun c'est risquer de dissiper le sens même de la vérité métaphorique. La métaphore du paquebot est progressivement devenue une métaphore morte pour deux raisons. La répétition, et ce qui va de pair, la destruction progressive d'une référence, le paquebot vidé progressivement de son sens. Ce que j'ai appris, c'est que la pertinence d'un projet ne tient pas aux instruments de sa présentation ; autrement dit, la vérité métaphorique est avant tout poétique et ne peut devenir un exercice affranchi de la création sous prétexte que le discours philosophique serait tout autant pertinent que la création métaphorique. Ici on rejoint le sens de la vérité métaphorique qui est uniquement poétique, ce qui n'avait pas échappé à Aristote. La métaphore du train a été pour moi un guide, ou une béquille qui loin de ternir la réalité du projet m'a permis de développer une vision poétique cohérente dont il faut s'affranchir seulement lorsque la métaphore est épuisée pour redécouvrir la réalité physique d'un projet qui s'il est réussi aura permis de révéler une métaphore. Donc la métaphore doit être avant tout créatrice de sens, ce que le discours peut mettre en évidence après coup. Ce qui est différent du travail qui consiste à élaborer un discours poétique, lyrique, décalé de la réalité du projet, auquel on associerait sans valeur, sans fiction métaphorique, une métaphore collée, une métaphore morte.

Si j'ai d'abord pris pour référence le train, c'est en fait l'univers du train comme organisation, hiérarchisation, je dirais également « mécanique » ou « machine » qui m'intéresse, c'est la possibilité de développer un espace où les relations sont définies dans un assemblage d'éléments abstraits ou parfois figuratifs qui rejoignent le « sens » de l'univers du train de manière différente mais toujours en accord avec une stratégie architecturale. Il ne s'agit pas d'élaborer un décor mais un contexte dans lequel le décor peut apparaître : une horloge près de la gare (le parking), ou encore le front visuel des bâtiments-panneaux qui jouent également le rôle d'arcades.

Laissons maintenant les images parler.

Grégory REUTER Architect
Website: http://www.gregory-reuter.com/

Personal Work of End of Study Goes back to defence: 11/27/2002

Put in work of an urban complex around the peripheral of Paris
(Development of the peripheral Porte des Lilas)

Directing of study: Teaching **Serge Dollander**

Second: Philippe Boudon Site Internet: https://fr.wikipedia.org/wiki/Philippe_Boudon

Members of the jury: **Elisabeth Mortamais**

Teacher : **Alain Sarfati**
Site Internet: http://www.sarea.fr/

external Personality: **Jean-Paul Jungmann**
Site Internet: http://www.jeanpauljungmann.fr/

3rd cycle Memory: The image, the language and the communication in architecture.

Ministry for the culture

School of Architecture. Paris la Villette

Foreword.

Is it necessary to rewrite or readjust a text, or a project fifteen years later? Yes and no. No, because after second reading, the unit seems to me still coherent and suitable. Yes, because its essence is not inevitably highlighted in the text which can seem sometimes complex. But the Architect must handle the word like the pen and from now on data processing. I had to return to the archives, and it seems obvious from now on, that the project must be not only one unit which I will not alter but that I will supplement in the corpus to present an approach, an intellectual proposal which were not an immediate obviousness put into orbit but a synthesis and a result which is the result of risks. And this must be seen from the point of view of the artistic and architectural approach but also from the point of view of the search of the metaphor. Thus, if I preserved the data-processing model of 2002, that almost by miracle, I could recompute the images with the new software, however, I did not carry out any modification of the plans and I didn't modify the model. Time passing, there would be with the experiment of the trade well some changes to be made but that does not seem important to me. The Cinema which is the most detailed project deserves a rehandling to draw Hoppers, additional emergency exits to be definitively to the standards with the conditions of accessibility and security? I do not believe it. Because there is not the secrecy of this project. It is the tool, the "util" of a research which must be restored, and the cinema, will remain at the stage of the draft. Lastly, about the time between the diploma and the Architectural actuality in 2015, this project is still also relevant, which justifies its circulation. Indeed, we have to see the "mutation" carried out meanwhile Porte des lilas in France (Google Streets view) to understand that the town planners who had asked me for my diploma one year later took by no means account of my proposals and have in parcelled out fact, cut out of pie-buildings, in studs as with their practice with a mixed zoning (offices, Residences…). There is a cinema which was lacking, but the unit is cold as usual. It is my point of view, since in France an Architect is also a Town planner. A reason moreover to alter the text. Lastly, to summarize the conditions of obtaining this diploma, I had only "MENTION BIEN" (mention well, I was not well), and I think from now on, that the prestigious jury which impressed my director of study and which deliberated in five minutes returned the honors well to me by assigning me the title of "Poet DPLG". A regret however, Mr. Jungmann, had risen from his seat very dissatisfied because I had removed the cover of the ring road on the advice of Mr. Dollander, which was obviously an error, that I will let you discover with the reading of the project. Then let us begin again. About ten years behind. While writing or while rectifying with the past.

1 the reasons of the choice of the subject, the topic of study.

I have three, even four topics of studies which fall under a research often undertaken before beginning my TPFE (personal Work of end of study). These topics thus join partly the work carried out at the school with professors who belong to my jury. In this first report, I analyze mainly the concept or the topic of an implementation of an urban complex which is currently lacking on the site.

A) The choice of the site.

The choice of the site, the fringe which skirts the ring road close to "la Porte des Lilas" already was the object of a work with Mrs Mortamais who knows this site well. If the result of my work was centered on the development of a set of themes: chaos, I did not have time to complete a successful architectural work. My project does not have anything any more to do with my former proposals and it is so much better. The site suggests taking up a challenge, that of a voluntary architectural registration in a difficult context; The ring road presently is covered with a flagstone concrete, which I wanted to avoid absolutely. The site allowed a dialogue between the ring road and the immediate surroundings; indeed, the small island on which I worked was a waste land. The site released two principal prospects which I took into account. First of all, starting from la Porte des Lilas. There is an imposing face there made up of massive residences and on the line towards the ring road two high-rise office buildings are released. The fringe was to establish a visual link between these two events, which I did by the introduction of perpendicular building-panels thus creating a visual face and at the same time as a repetition. The centrality of the site exists by the many outlets offered; the ring road for the cars, the subway and the many lines of buses which serve the suburbs starting from a station located at 150 meters from the site. My project, a leisure park, was an answer towards the suburbs which miss activities, especially when we look at the opportunities offered in Paris, in 19th and 20th district. The neighbourhoods, on the side of the suburbs do not have a circuit trading which would be in any event difficult to create. There are few cinemas, or theatres. In short, the suburbs are not parcelled out better.

B) Continuity and rupture for the future.

Nature of the ring road.

The relationship between the small island and the ring road results in a double requirement. There is on a side the furtive perception of the environment by the driver who drives along the ring road, (its major part is still not treated) and on the other side the perception of the road and fringe by the inhabitants and the passers by. Two glances, two different reports of scale. The peripheral face consists overall of giant advertisements, imposing building, partition walls placed along a circuit where everything looks alike and where architectural answers are rare. The evolution of the glance of the drivers must however change according to the treatments of the ring road whose answers can or must be original, and not uniform. If the ring road remains a wound which is little treated, the peripheral is a rupture which it is impossible to deny. This rupture wedges Paris, and wedges the suburbs, and the trams and the flagstones do not give any methodical answer when the solution which I propose could become a response in fact to this challenge by creating a new identity as Haussmann took up the challenge in the 19th century.

Continuity and rupture

Are continuity and rupture the two referents sometimes paradoxical of architectural urban research, how to approach the suburbs and more still the peripheral without approaching this topic which must be exceeded? Their coding in the imaginary one of the professionals can be summarized in the following way: Continuity is before a whole urban entity, the architectural project must yield to urban reality to be perfectly integrated. Contrary, rupture is the avant-garde subject of the preeminence of architectural research. Thus, Krier preaches classical urbanity against the disorder and the tumble of architecture object, when Libeskind rises against the architectural constraints which choke creation in Berlin. My answer is double and answers these two problems which are judicious. The answer that I bring vis-a-vis the peripheral is the will to digest the rupture while bringing a continuity and a visual discontinuity of the peripheral. Thus, the concerns on the integration of my project to the suburbs or Paris are before any programming sciences and aesthetics. The peripheral must be with the avant-garde. It is a challenge for Paris which is breathless.

C) The ring road

What joined the concern of Marc Mimram in his conference with the arsenal entitled "to abstract itself from the abstraction": or he criticizes: "the theories of the city on flagstones, the new town considered in abstracto, without reference to the territory are prolonged today with the motorways, the radial ones, the underground roadway systems: more need to touch the ground for the buildings… More need to come out in the car. ". And further"Let us take the example of the ring road, which was 30 years ago still run downtown, attached with it and could, with little means, become an urban boulevard. Suddenly, the boulevard was abstracted from the territory to return back-to-back, capital city and suburbs, central city and periphery. " The peripheral is well this No Man' S Land) which refutes any true integration of the peripheral in the problems of the city. But my answer goes further , since the peripheral is a fast track of transport which cannot be modified any more without returning to obsolete proposals.

What is a boulevard?

Definition of the dictionary of the town planning by Pierre Merlin and Françoise Choay:

Of German Bollwerk, fortification, fortification (15th Century), this term means initially the quay level of rampart, the ground occupied by a bastion or a curtain. By extension, it indicates then the stronghold, then the walk or the broad lane planted with trees which, on the site of its old walls or fortifications, makes it tower of the city...

I have the will to restore the attributes of the boulevard within the limits of my project and by taking into account the reality of the peripheral. Thus, peripheral, one will see a walk (a garden.) and successive buildings.

D) Implementation of an urban complex (draft of the sets of themes)

The planning or implementation of an urban complex centralizes all the other sets of themes which I approach; it is achieved by the coherence of the architectural choices related to the urban definition, the definition of public space, the choices of installation of the street furniture which will define to a certain extent the architecture of the site but also the use of the programming and the authorized use of the motor vehicle traffic inside the small island which conditions the future thickening of the small island.
Vis-a-vis the programming which is by random nature before any effective realization, I wish to propose an architectural yoke. It is this work which I propose by developing the identity of the building-panels. And by determining free but identified programming, and delimiting a response going from the smallest element (street furniture for example) to largest (left free with imagination) via a clear set of themes on the gardens and or the woods. The identity of New York abound in such principles which give the city a multiple and strong identity where scale connections allow the onlooker to escape to the sky without giving up the human. Not Skyline in my project, but the turns panels should be able to still gain in height according to the principle stated above.

Indeed as Benjamin explains it in his text "work of art at the time of the mechanical reproduction", one of the characteristics of art consists in distracting perception contrary to traditional art which requires attentive reading. As follows: "Regarding architecture, the habit determines to a large extent the optical perception. By essence it also happens far less by sustained attention than by fortuitous impression"

P 168 in French writings Gallimard.

This is why planning must answer these two problems, the stealth by the vision which one of the fringes will have seen of the peripheral and the attentive reading of signs which will concern the pedestrians but also the drivers with the installation of an urban metaphor, the metaphor of the train which is a set of themes which now answers time the architectural programming.

Last topic used: "the image and the creation structure about it" which was the object of my report of third cycle with Philippe Boudon and which relates to as well architectural research as his communication. This visible but less operative ramification in my project since this memoire treats especially about methodology and significance of the image preserves all its news in the treatment which I make of the image but also in the researches that I was able to carry out about the subject of the metaphor (indisputable prolongation of the image since the metaphor is also partly an image)

2- Descriptive presentation of the project.

A) building-panels. "Wheel and overhead line"

They are able volumes all identical. Their function is that of offices of trade or residences.

They define the frontality of the fringe. Placed perpendicular to the peripheral they are open what avoids closing visual space.

They are placed, woven, on the platform, and ensure the passage from the street to the garden since the ground floor is free.

them panels create homogeneity.

they create a rhythm and separations which accentuates the idea of sequences and develops the stealth of a space which is visually embraced in its totality. They create a continuity when the metaphor of the train produces a discontinuity visually.

Lastly, their provision in space is a posteriori defined since they are defined by the metaphor of the train. It is the urban scenario and the game of the combinations and relations with the heterogeneous buildings which justified this choice.

B) The ring road around Paris.

Opened on the fringe by the multiplicity of the openings, the form leaves the two ring road bridges, with their height to rectify itself gradually in the center. The cinema in the project is an economic and cultural power.

A walk on a footbridge is arranged which puts in scene the ring road, the intermediate garden; interior accesses are created so that the walk is completely integrated. Metaphorically, I think on the outlet side of TGV realized by Greemshaw in London. The link is that of the enclosure of glass which accompanies the exit by the train and here the exit of the cars. The cover of the ring road would deserve in the context of the project to be altered, but the total closing visual of the peripheral would be a visual error, which was shown previously since it would be only to bury misery, it is necessary to create an identity specific to the cover of the ring road and not deny it.

C) The garden

The garden refers to the chaos which is the creation of an internal order which must be at the same time visible by its mathematical and invisible aspect by the absence of data revealing the enigma. The advantage that I initially perceived while trying to amalgamate the principles of Cantor and of Fibonacci (which are compared to precursors of scientific chaos currently explored) is that qualities of these two systems make it possible to develop a certain complexity and an open labyrinthian game. To encumber and delimit a vision of what is provisional along the peripheral garden between the fringes and the cars. My objective is not to define with exactitude what the garden must be but to follow the idea to create a track, a walk. The gardens will have to take into account what already exists (there are many trees) and to create hiding-places. The vegetation is thought like the final or provisional occupation of the site, the organization of the vegetation is unfinished, the distribution, therefore the use of the space by planning is as important by the need for orchestrating the vacuum as to create the presence, the full and whole figuration.

D) Hoods in street furniture.

Beside the engine there is a hood which skirts the engine which serves as cover for the terrace at the same time as it suggests the platform in the metaphor of the train. The hoods are repeated at other places of the site.

Street furniture
The street furniture must be thought in a total and repetitive way, in the same way as the building-panels.

E) The footbridge.

The footbridge, along the peripheral building, is an architectural link which connects the ring road, the garden and the fringe for the pedestrians. It makes it possible to diversify the points of view.

F) The roadway system, parking.

The roadway system is a subject which in architecture is problematic, the roadway system is for Le Corbusier the enemy of green space; this separation, will to affirm a distance between the pedestrians, and the vehicles made it possible to develop dialectical whose formulas are known: functional zoning, hierarchy and separation of circulations, rejection in periphery of the utility activities. The car which is the enemy of the good however comprises many assets which are rediscovered at the same time as the failure of the cities and of the land developments (the piece become non-existent) became obvious. Like Pierre Belli-Riz in modern public spaces says in ed the monitor p72: "The parking along the ways constitutes the key of a possible evolution: true interface between the motorist and the pedestrian, it is the place or the motorist becomes a pedestrian. Yesterday banished in the name of traffic circulation, the parking along the ways seems to be a factor of speed regulation, therefore of security for the pedestrians. (…) On the territories of ambiguity, those of the modern city, develop more or less whimsical models. Their design proceeds by accumulation of devices considered compensatory, palliative or corrective: baffles, skittles, "lying gendarmes." The straight line is considered responsible for the speed while it is considered by road engineers and by rational town planners as the simplest layout and the surest (…)Won't complex routes make drivers run the risk of focusing their attention on the road instead of seeing the surroundings ? That is why I intend to privilege parking areas so that the activity car-pedestrians take part in the life along the fringe.

. This is why I intend to privilege the parking on the roadway system so that the activity car-pedestrians takes part more in the life along the fringe. The broad roadway system that I create (a double two-way road separated by parking spaces length and slowed down by five pedestrians crossings with height of the buildings) gives a prospect and an appreciable retreat to profit from the measurement of the panels and buildings.

3-programs it: The metaphor of the train.

I chose the metaphor of a train but each peripheral fringe could receive a different metaphor. It is logical since if I propose a disparate architectural unit, and free of composition for the free expression of Architects to the different identities.

The metaphor will be the object of a later development. It is necessary for this stage knowledge that the buildings are coaches with at the head an engine and at the other end an engine reversed (as for the TGV) and finally a station which is the entry of underground parking under the platform.

The engine. "Postmodern architecture "

The engine is in fact several bars made up of truncated cones, the metaphor approaches the metonymy here since the truncated cone represent the chimney of the engine.

The theatre. Architecture "De constructivist."

Then comes the theatre which is a coach. The theatre currently exists (it will not be more developed compared to two ideas. The first is the form-function since as Philippe Boudon in architecture specifies in "Architecture and architecturology" it does not have there currently as opposed to what one imagines clear definitions of functionalism or organicity of architecture. This building will have to be seen as a certain idea that I have about form function. Indeed this one must marry the forms and the events which compose a theatre, to follow the movement and the shapes of the cabins, warehouses to store the accessories, the decorations…

Here, the envelope marries interiority.

The second idea is that of the chiasmus such as defined in Lacan and before him in Merleau-Ponty. A bar located at the higher level of the spectators plays the part of the Chiasmus. From the Bar, we can see the spectators inside the room at the same time as the bar leaves the building literally, very out of glass to be visible to everyone. Thus the chiasmus is achieved : we are at the same time the only ones to see (we don't share the vision of the others even if we react like the chameleon to our environment) but we also become visible and watched from all sides. To schematize, when we look at a table, this one looks at us and we become table.

This building is a theatrical expression, the fact is that there is the risk the expression overrides the function, the reproach which I heard about the Guggenheim museum of Bilbao is that the building is a work which is not deleted in front of works of Article. The museum is a work of art which does not hide behind the works of art .The museum is the Guggenheim ITSELF

To be positive, it seems to me that Bilbao can be compared with a criticism of the institutionalized nature of the museum.

The cinema. "Pop architecture "

The cinema consists in a multiplicity of different, dispersed or superimposed coaches with different volumetry. The cinema exploits contrast between the closed dark rooms and spaces of visible circulation. Centered in the middle of the fringe, it is one of the buildings which must have the strongest impact. The rooms are visible outside, projected posters make it possible to know in advance in which room everyone must go. The cinema crosses a building-panel on each side which creates a coexistence between different functions, in the same way, a restaurant and other installations come to diversify the possibilities of the central space.

The commercial arcade. Architecture "Minimalist."

The commercial arcade or complex consists of shops in the shape of truncated cones which point out the forms that I use for the engine. If the forms resemble each other, they are related to a constructive idea. The cones which ensure the principal structure are made of glass serigraphy according to a rule which avoids the advertising higher bid. By far that will resemble a visual cacophony. In the beginning it is the recent idea carried out by firm "Lustucru" which opened a restaurant with bets which gave me the idea to propose a form of added-value to shops or groups which could be interested in the renewal of their image. Prolongation of the commercial arcade, a large group (Virgin, FNAC etc) would bring more economic centrality to the leisure pole. The appearance of the unit is one of a reversed engine under glass panels

The station, the entry of underground parking.
Architecture "High Tech"

Finally at the other end, there is the station, great structure which appears the entry of the carpark situates in the basement under the platform.

The platform. The base.

The platform has several uses. It creates a limit with an urban operation which in its provision could extend all the way along the ring road. It architecturally reinforces the course which I took since it makes it possible to differentiate on the level from the ground and the building-panels which are laid out like wheels or overhead lines which overflow with precision on a rail-platform drawn with their dimension and the textual metaphor which are like freight cars placed above. The platform is finally the face of the ring road to the stop since it is the going beyond underground parking. Openings in the shape of the ring road port-holes TGV side make safe and relativize the importance of the carpark which can be fragmented on the level of the basements.

4- Methodology: The metaphor.

The metaphor comes from the Greek Metaphora meaning « transport » in a material and abstract sense. One measures what kind of transport has architecture, the steamer, the train are architectures which move with the material direction, There are other metaphors, the shell of Ronchamp is one of them. The steamer is the architectural metaphor par excellence, from the Villa Savoye in Alvar Aalto, the steamer fascinates by its forms, its dynamics, its hurled chimneys, its undulation above water. The Savoye villa floats on a sea of greenery, the openings stress the rhythm of the bridges of steamer. The chimney is also quite present in the villa. Consequently why did the metaphor gradually become an individual exercise when one sees the exceptional production of the modern movement? Change of time. If the metaphor of the train is to a certain extent heiress of the historical metaphor of the steamer, that is not sufficient because a metaphor must stick to its context. Here, the peripheral translates this requirement speed, movement specific to the train. In the facts, architecture must also approach the metaphor while this one is the emanation of a context in fusion with a project which overbids and exploits a metaphor in germ. It is what I endeavored to do even if in the facts it is initially by the exercise of the architectural realization that the idea of a metaphor gradually became essential. The metaphor of the train is here a pretext, put except for the engine and the station which textually exploit the direction of the metaphor of the train, the other buildings enabled me to think conceptually of architectures which enable me to expose sensitivities and different concerns which exploit a heterogeneity which interests me. Through the literal figure of the train, the metaphor must be based on the paramount relationship between the fringe and the peripheral. If the train that I draw is stopped, the peripheral is moving, this is why the covering of the peripheral takes the appearance of a large building, prolongation of the movement of an exit of station. On the contrary the fringe is condemned to immobility and any movement can only be architectural. The cars with the stop, continuity and discontinuity are the symbols which I set up vis-a-vis the peripheral.
What is a metaphor?

The Aristotelian model.
The metaphor, inter alia figures, is used for art to persuade.

Truth is not required here as it is indeed in science. In its rhetorical function, the metaphor takes part in the probable opinion of this field of probable, interposed between science with the necessary truths (épistème) and the contingent opinion (doxa). In its poetic function, the metaphorical operation serves the mimesis. It is necessary to translate this term not by imitation, but by representation by taking it as the act which makes present. "The largest thing by far is the use of the metaphor. That perhaps taught: because well métaphoriser is to see the resemblances. Aristote (poet. 1459a)
this is the construction of the account which constitutes the mimesis, the representation. It is less a question of imitating a reality to make present a reality.

Double tension: presentation of the reality and invention of a fiction. Aristote recalls finally that a metonymy or a synecdoque is above all the metaphors. Which well explains the need to evaluate the nature of the poetic function of the metaphor beyond the simple figure of speech. Thus, the metaphor relates to the language as well as the image, which joined one of the problems of my Memoire of third cycle centered on the relationship maintained between the image, the language, the fiction and reality in architectural design.
Modern rhetoric gives an account of these problems.

It is not possible to speak not metaphorically about the metaphor. It would not take place there non-metaphorical from where one could consider the metaphor.

The metaphor is a variation. The metaphor is characterized at the same time by the loan and substitution. But if displacement has as a result a simple substitution, information is worthless. It is the case of the dead metaphor (ex: "to take one's legs with one's neck" is not an original metaphor since it is an expression.)

One always needs two terms to make a metaphor. The logical disorder is not to reject because it produces direction. Doesn't the metaphorical process undo a former order to invent another one? Max Black makes the metaphor a description of reality. Freud and Lacan made metaphor one of the means of expression of our unconscious. It is a rich and promising way which I cannot treat here.

On the level of construction, Paul Ricœur, in "the sharp Metaphor" distinguishes semiotics, semantics to reach the hermeneutics finally. He passes thus from the word to the sentence then to the speech before wondering ontologically about the metaphor.

The interrogation on the word makes it possible to define after Aristotle the significance of the tropes; The tropes by resemblance consist in presenting an idea under the sign of another idea which is attached by a certain conformity or analogy: they are metaphors as well by the extent of its field as by the absence of rules which constitute it. The metaphor gives way and complete freedom to imagination, as well as invention. The metaphor then makes us discover an unexpected analogy.

Semiotics deals with the problems of the direction of the word in the language (and not in the speech) example: the train is perceived as the sum of its parts

(Station + dock + cars + locomotive rails)

The synecdoque is a figure since it links the species to the genre or the genre to the species, the metaphor becomes a double process.

Example: locomotive=chimney=cone.

Or, cheminée=fumée=onde=mouvement=rail=socle.

The third study of Ricœur: "the metaphor and the semantics of the speech" Establishes the distinction between semiotics and semantics...the former applying to the creation of the metaphor inside the sentence considered as a whole, the latter relating to the meaning at the level of the isolated word. On the hermeneutics level (the speech) the resemblance is understood as a tension between the identity and the difference in the predicative operation initiated moving by the semantic innovation. There is connection in any speech between the direction, which is its internal organization and the reference, which is the power to refer to a reality (for example the image) apart from the language. The metaphor is presented as a strategy of the speech which, by preserving and developing the creative power of the language, preserves and develops the heuristic power deployed by the fiction. We should not only speak about double direction, but about "duplicated reference"; which means that the metaphor is the blending of a reference which makes sense and a redeployment of that very reference within a vision; the vision and the reference are also jointly important to duplicate the meeting of the reality of the reference and the reality of the fiction. It is as if the metaphorical statement was looking for destruction of the reference, returned self-destruction expresses by a literal interpretation become impossible. Thus, the metaphor is the rhetorical process by which the speech releases the power that certain fictions comprise to rewrite reality. But Max Black goes further since he thinks that it is not the metaphor which creates the resemblance, but the fiction which creates the sharp metaphor. It is besides well the difference between a dead metaphor and a sharp metaphor.

Of this conjunction between fiction and description Ricœur concluded that the place of the metaphor is neither the name, neither the sentence nor even the speech but the copula of the verb being. Thus, to rediscover the poetic thought of Aristotle which refuses to dismantle the significance of the metaphor under-registers, Paul Ricœur deploys the ontological notion of the "being" which is connected in search of Heidegger on the loss of the direction to be it. "Is" metaphorical means at the same time "is not" and "is like". If it is well thus, we are founded to speak about metaphorical truth, but in a direction also tensional of the word truth. Thus, ontology points out the plurality of the modes of speech and the independence of the philosophical speech compared with the proposals of direction and a reference to poetic speech. Thus, to found what was called metaphorical truth, it is also to limit poetical speech, thus, there is a caesura between the metaphorical poetical truth (exercise of creation) and the truth of the speech on the metaphor (logical expression of a reflection on the truth in art).

Conclusion on the metaphor.

The metaphor exists only when it is relevant, to want to make metaphor a common exercise is to be likely to dissipate the direction even metaphorical truth. The metaphor of the steamer gradually became a dead metaphor for two reasons. The repetition, and what goes hand in hand, the progressive destruction of a reference, the gradually emptied steamer of its direction. What I learned, it is that the relevance of a project is not due to the instruments of its presentation; in other words, the metaphorical truth is before very poetic and cannot become an exercise freed from creation under the pretext that philosophical speech would be relevant as much as the metaphorical creation. Here one joined the direction of the metaphorical truth which is only poetical, which Aristotle could not fail to realize. The metaphor of the train was for me a guide, or a crutch which far from tarnishing the reality of the project enabled me to develop a coherent poetical vision from which it is necessary to be freed only when the metaphor is exhausted to rediscover the physical reality of a project which if successful will have made it possible to reveal a metaphor. Thus the metaphor must be before all a very creative direction, which the speech can highlight afterwards. What is different from the work which consists in working out a poetical speech, lyrical, shifted reality of the project, with which one would associate without value, metaphorical fiction, a stuck metaphor, a dead metaphor.

If I initially took for reference the train, it is in fact the universe of the train as organization, hierarchization, I would also say "mechanical" or "machine" which interests me, it is the possibility of developing a space where the relations are defined in an assembly of abstract or sometimes figurative elements which join the "direction" of the universe of the train in a different way but always in agreement with an architectural strategy. It is not a question of working out a decoration but a context in which the decoration can appear: a clock close to the station (the carpark), or the visual face of the building-panels which also play the part of arcades.

Let us leave the images speak for themselves now.

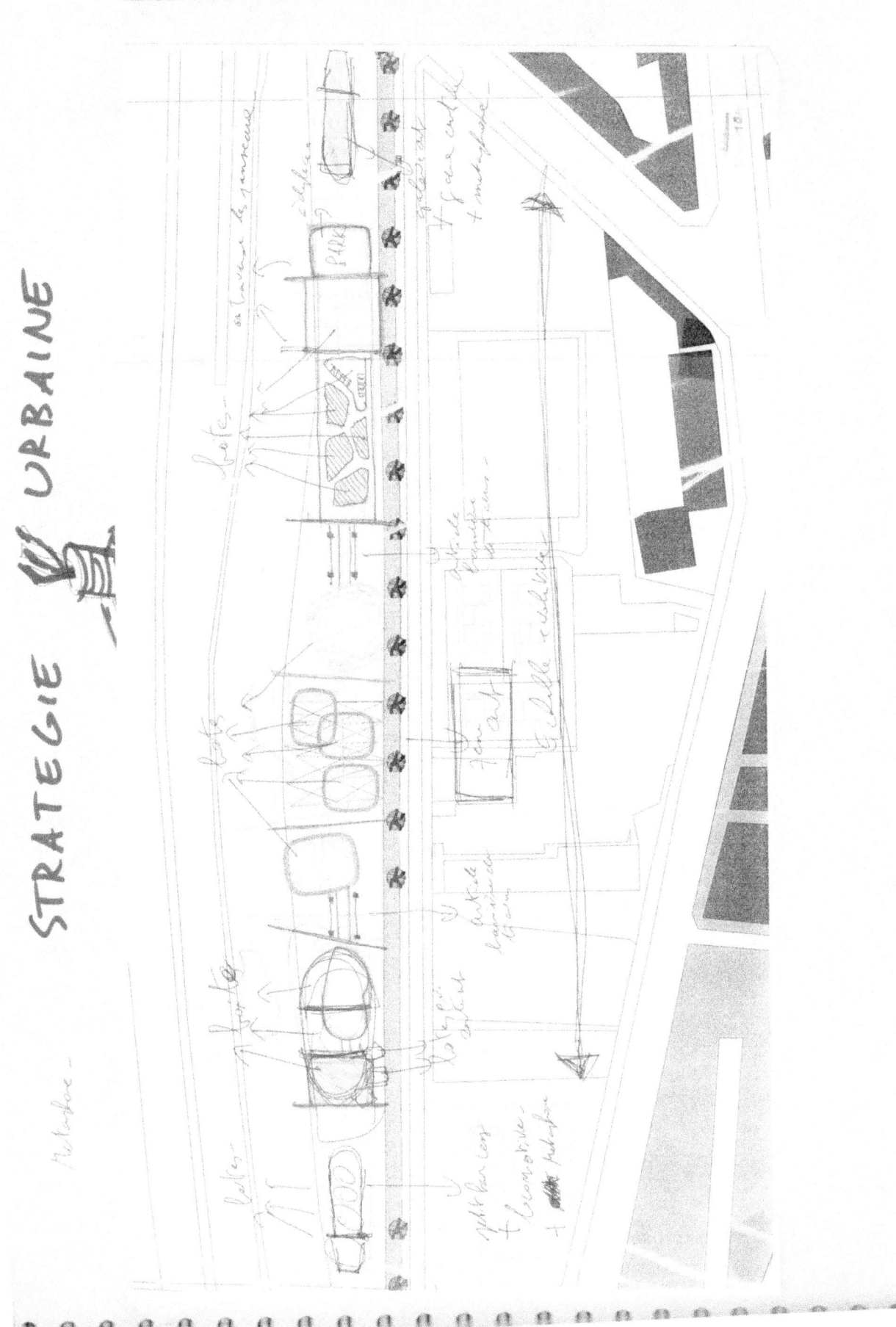

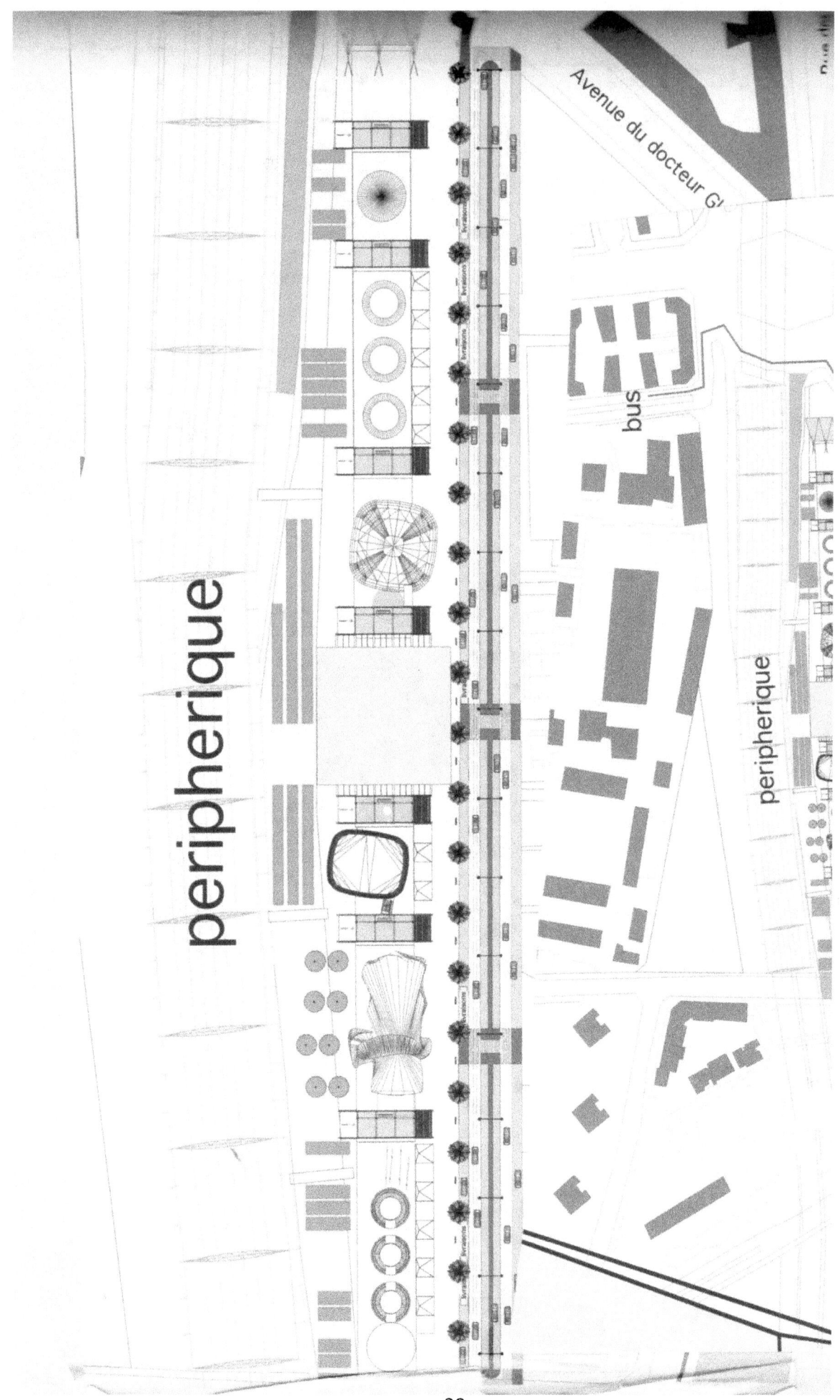

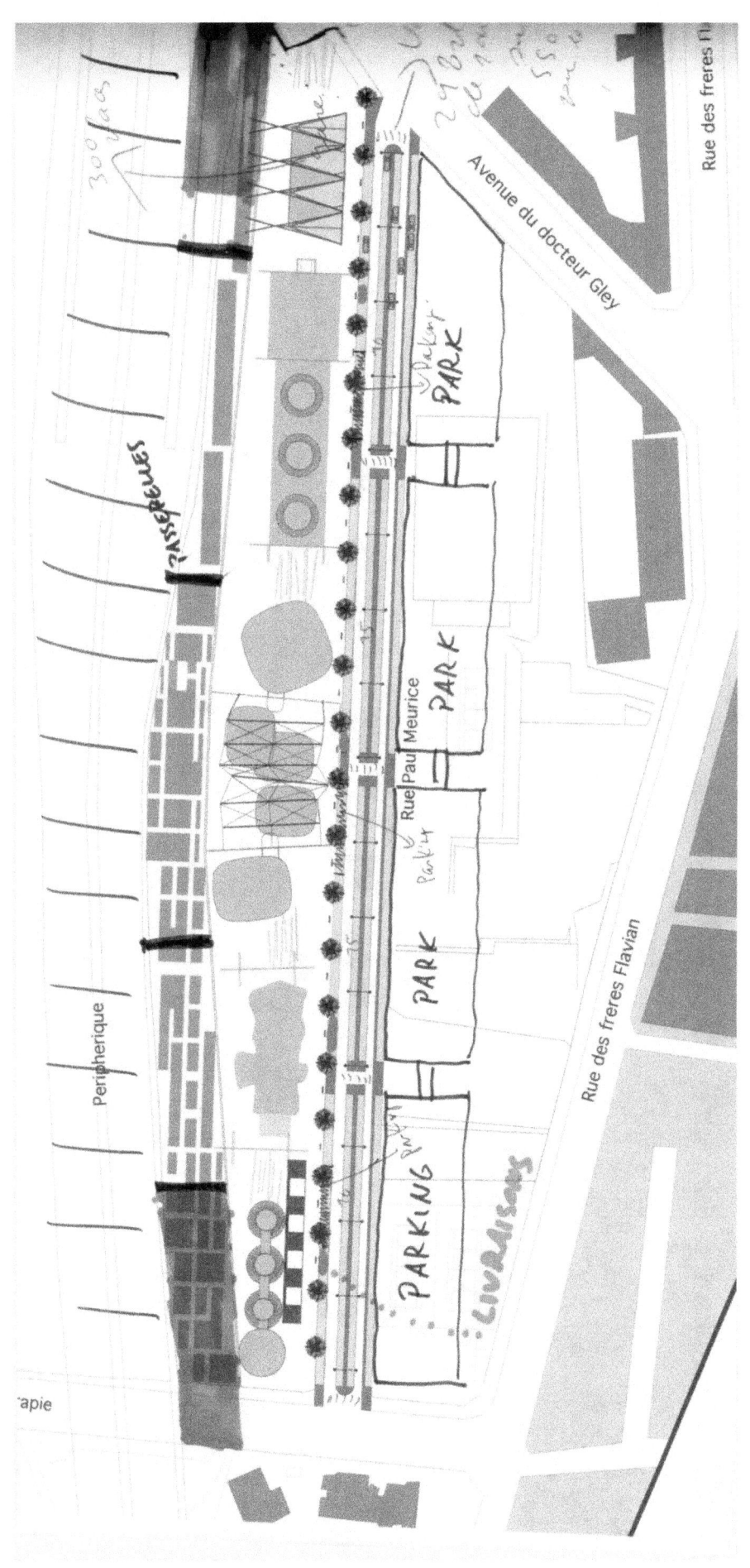

Projet Final.
Le train pourrait être tourné à la perpendiculaire après réflexion.

Final Project.
The train could be turn in the direction of Paris after thinking.

Esquisse de la frontalité.
Sketch of the frontality.

Apparition des panneaux.
The panels appears in the first studies.

Un mur ne peut faire l'affaire.
A wall can't do the trick.

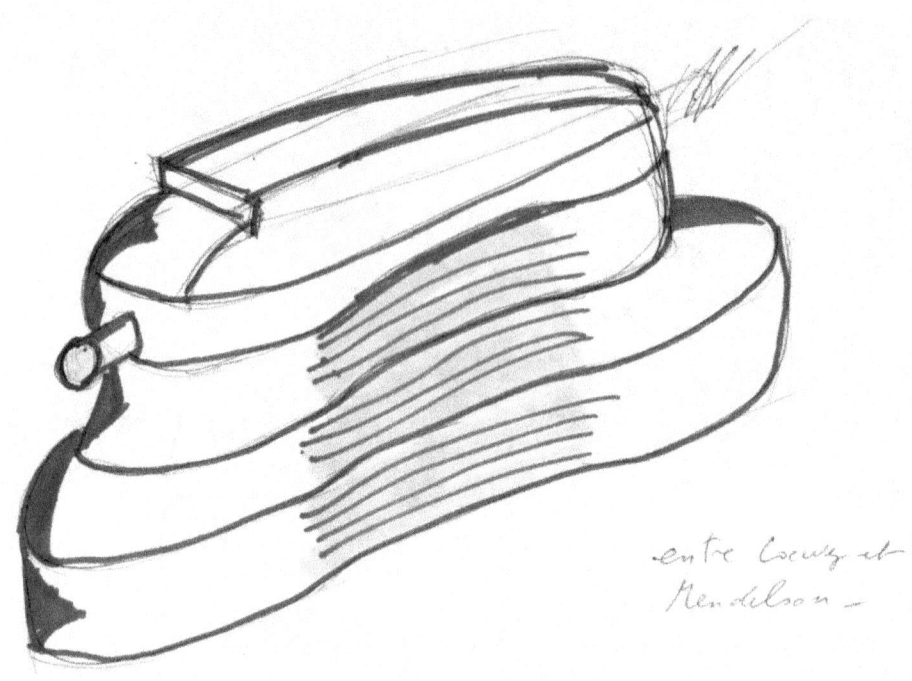

Loewy ou Mendelson pour le train.
Loewy or Mendelson for the train.

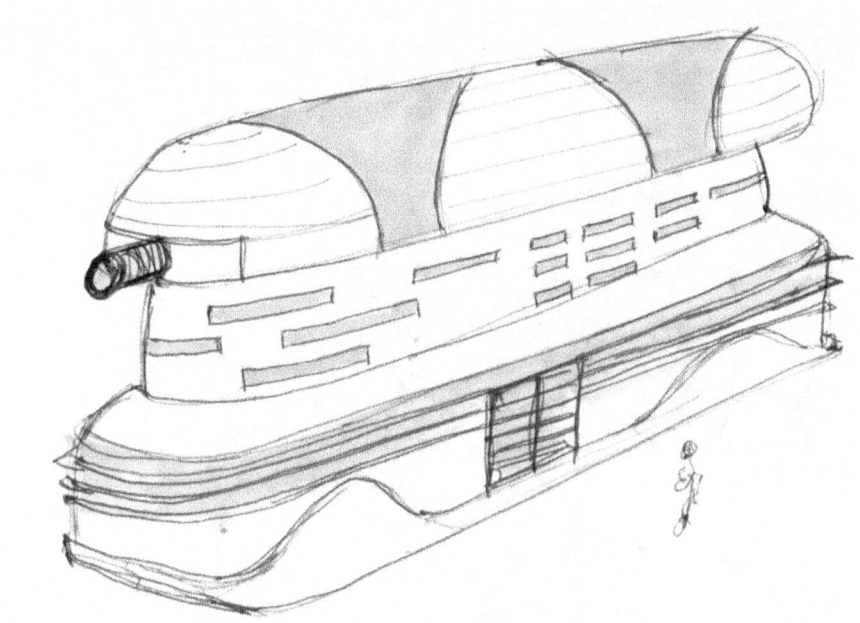

La locomotive version : Enki Bilal.
The Locomotive inspired by : Enki Bilal.

Finalement le train doit être Postmoderne.
Finally the train must be "Postmodern".

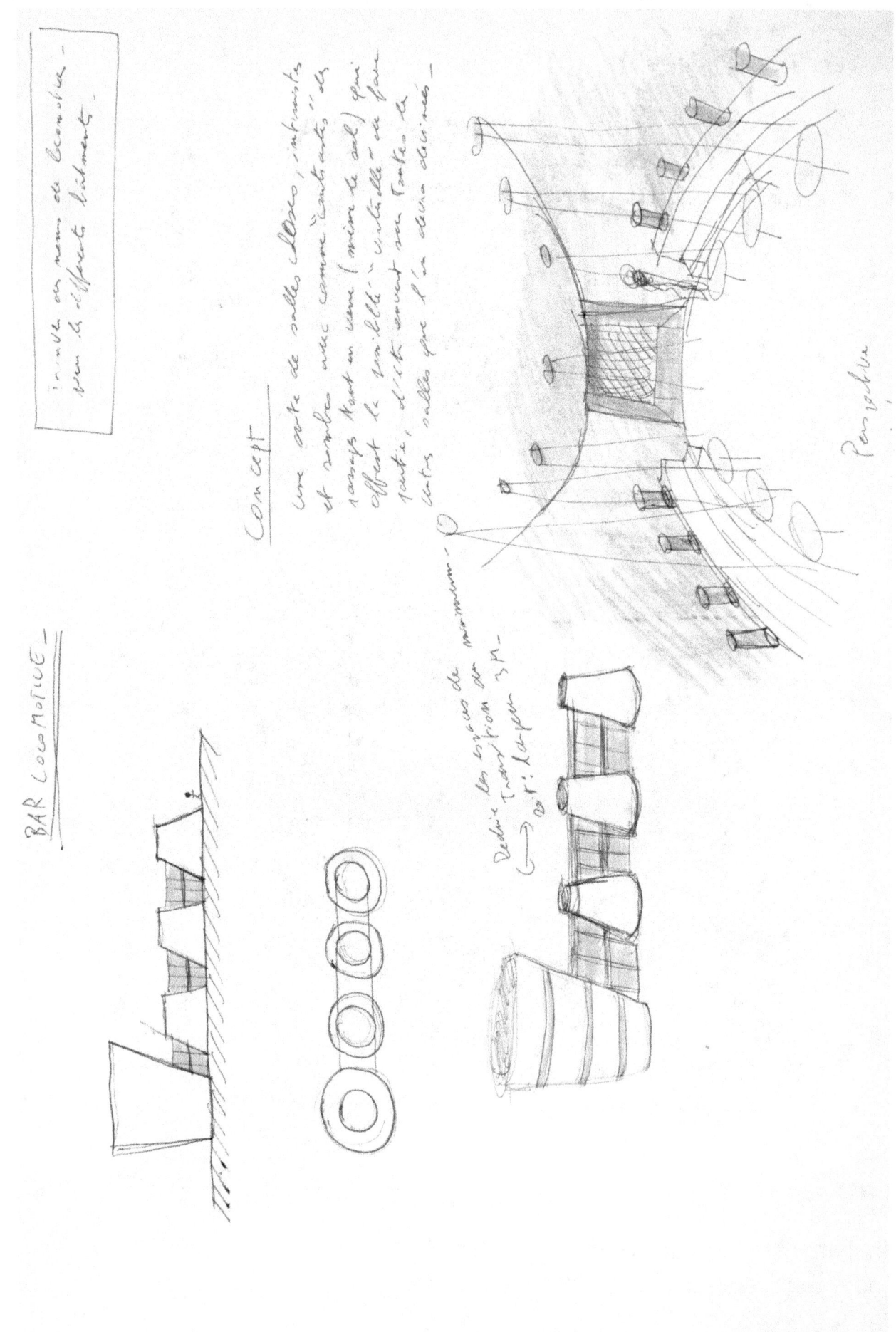

Etudes sur le théâtre. Architecture déconstructiviste.
Sketches about the theater. Architecture de constructivist.

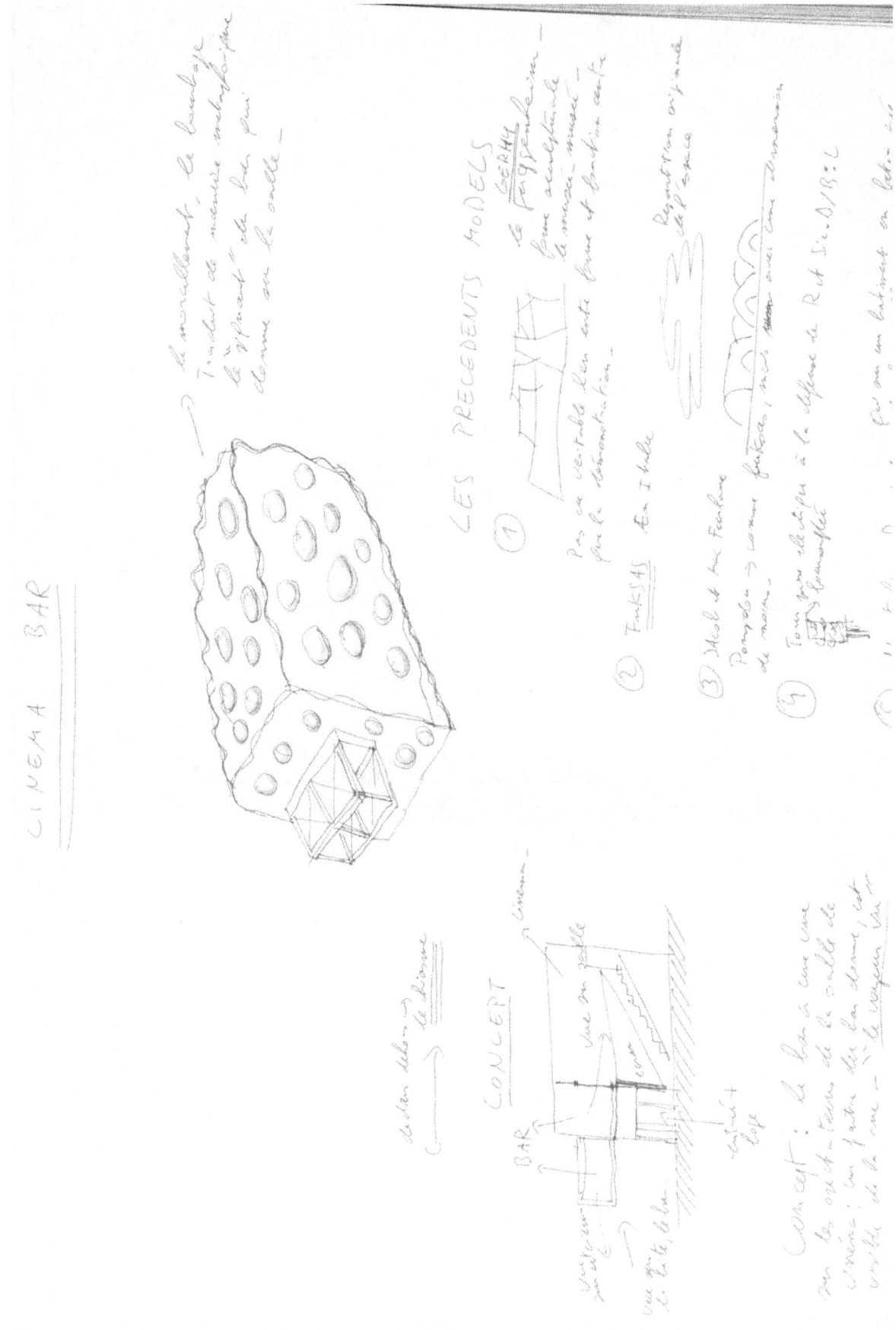

Le théâtre avec sa boite. Le chiasme
The theater with is box. The chiasmus.

Etudes sur le cinéma
Sketches about the cinema

Coupe sur le cinéma. La passerelle apparait.
Cut off on the cinema. The gateway appears.

Paris

coupe plan masse AA'. Façade nord

coupe plan masse BB'. Façade sud

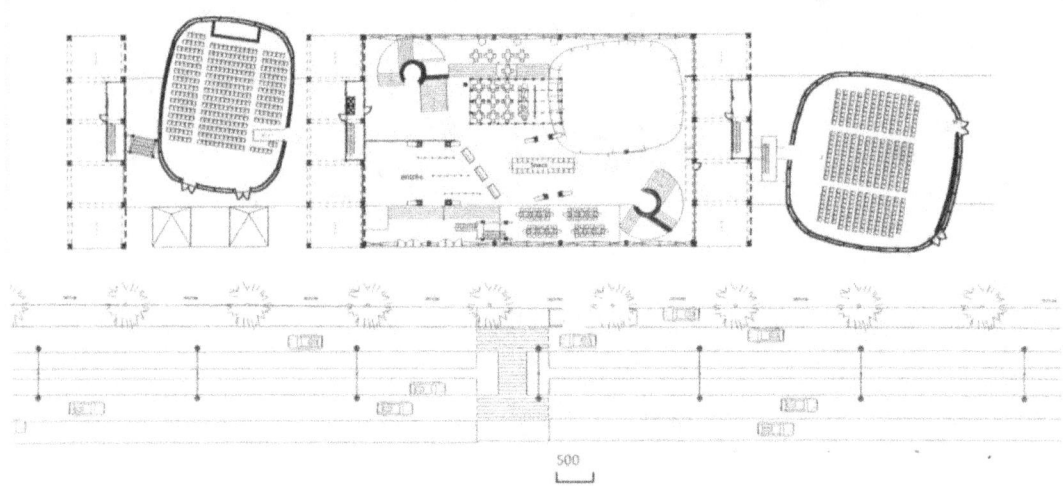

Rez de chaussé
Ground floor

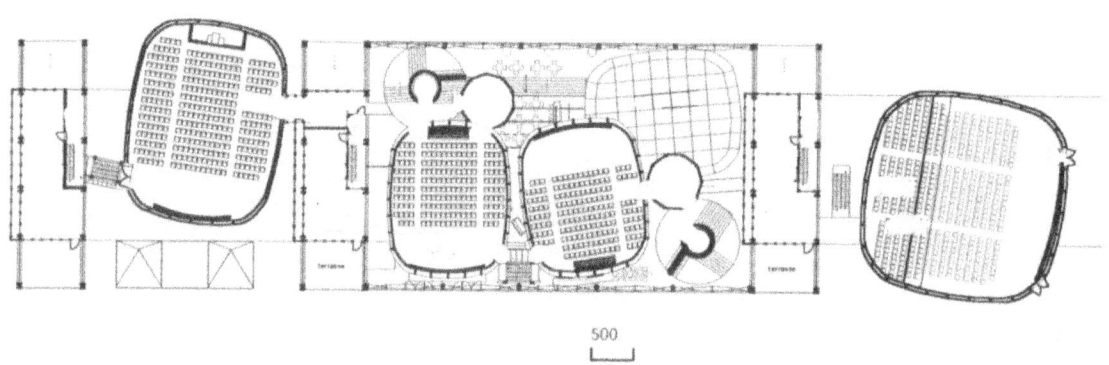

Quatrième étage
Fourth floor

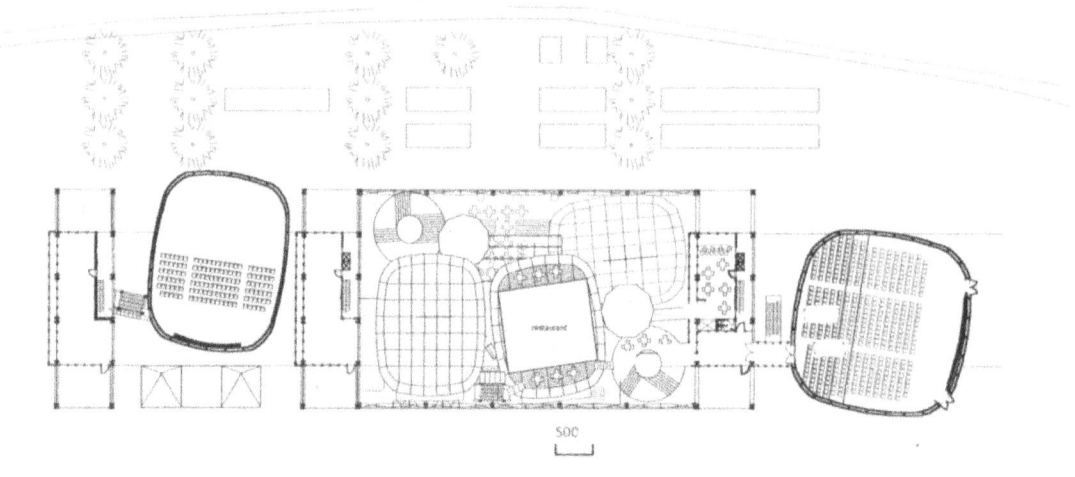

Au dessus, un restaurant. Il y a de multiples activités.
Up, a restaurant. There are many activities.

Trois salles de cinémas empilées.
Three stacked cinemas.

Vues intérieures du complexe cinématographique.
interior views of the cinema complex.

Une zone d'attente.
A waiting aera.

Le complexe cinématographique.
The cinema complex.

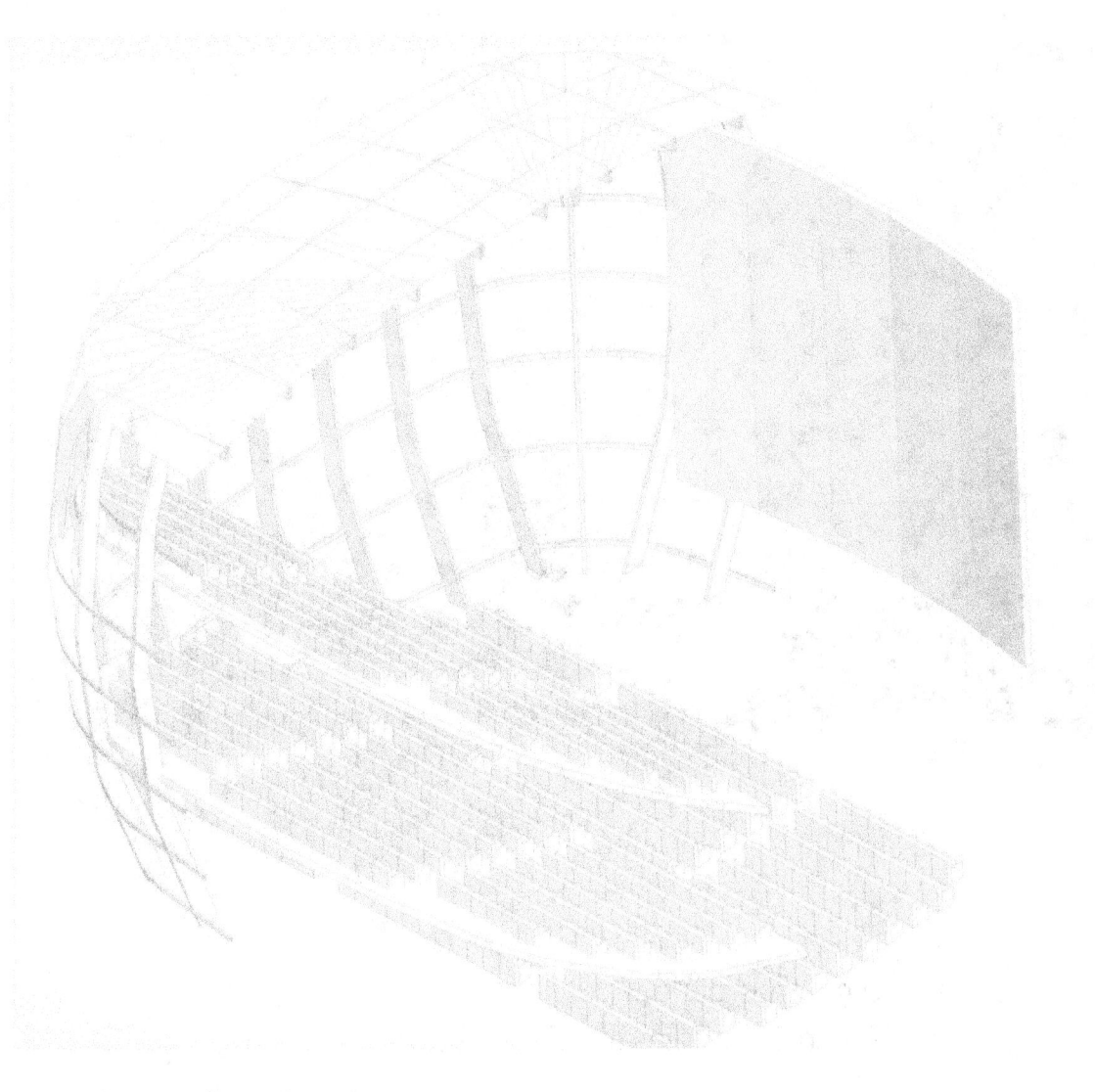

La galerie commerciale. Architecture "minimaliste"
The mall. Minimalist Architecture.

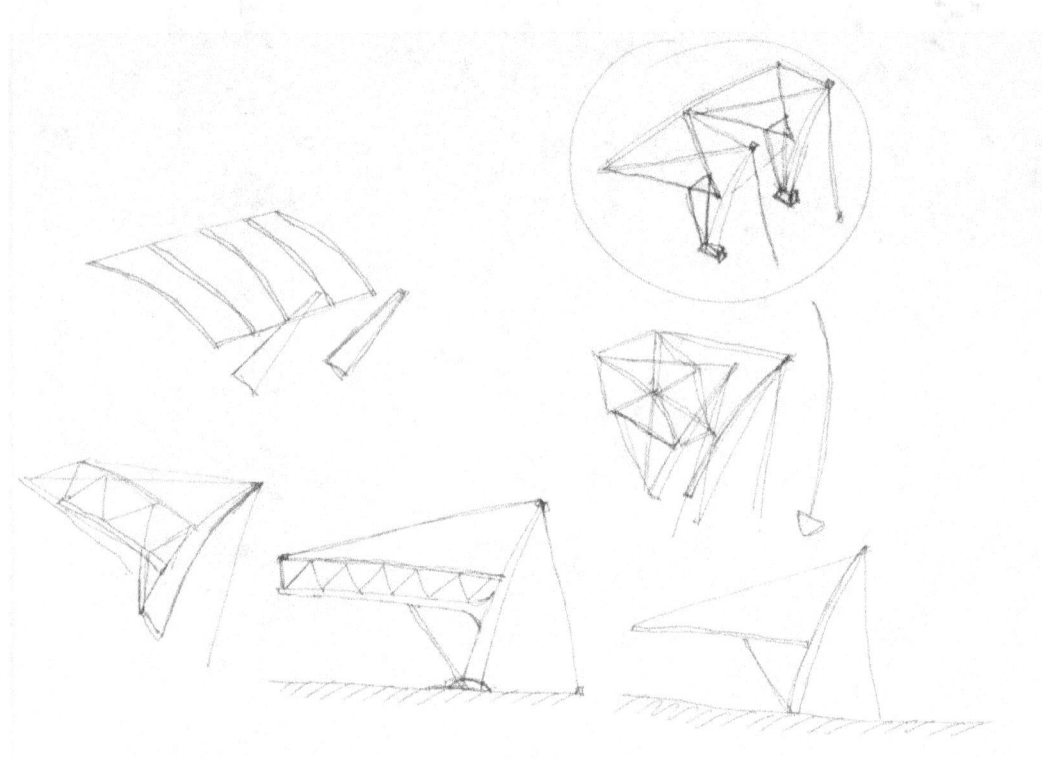

Le auvent. L'entrée du parking souterrain.

Architecture High tech
The awning. The entrance to the underground parking.

Pourquoi tout enfermer quand le périphérique pourrait vivre.
Why all locked up while the ring road could survive.

Etudes sur la passerelle.
Studies about the footbridge.

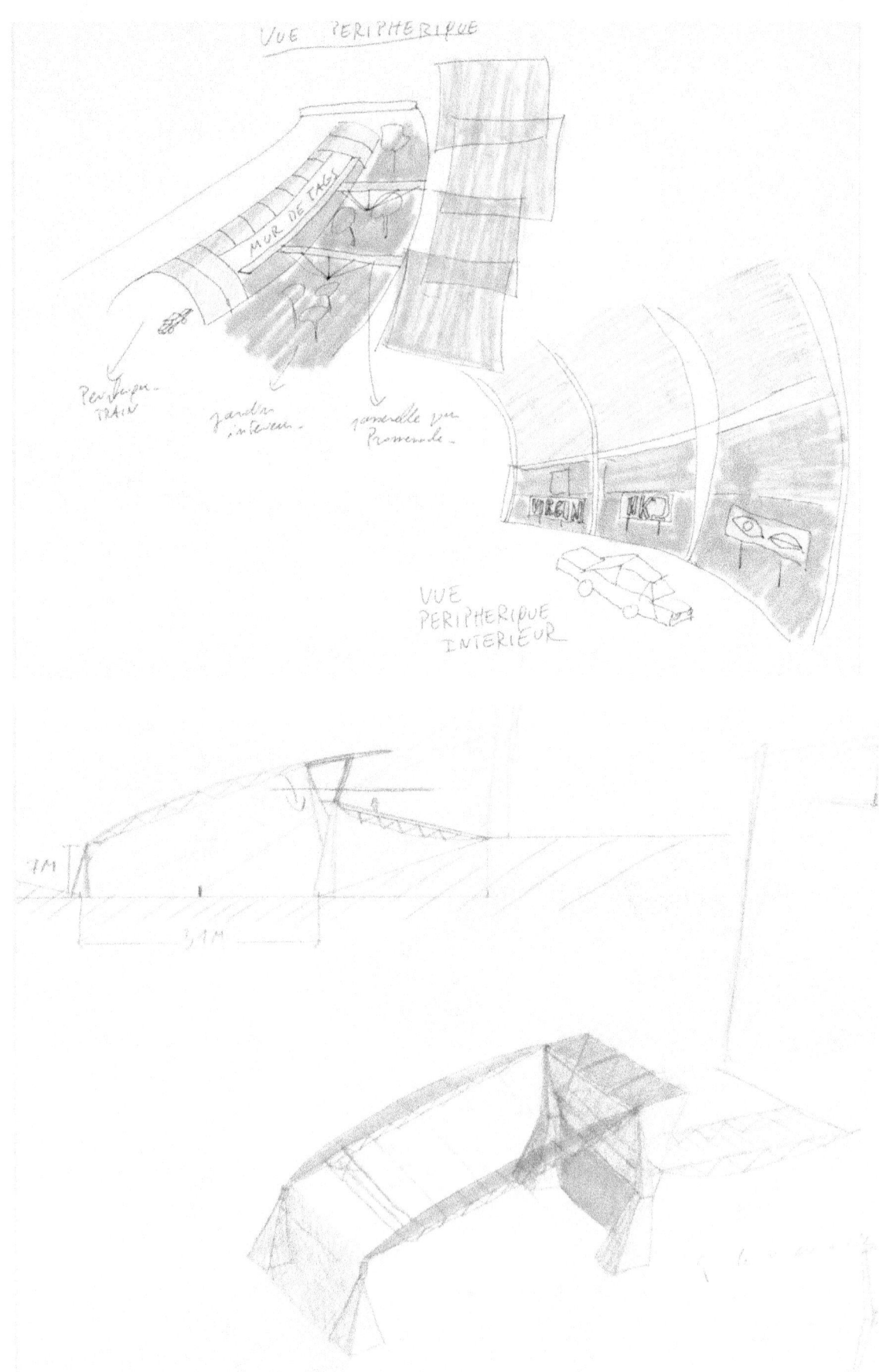

Le jardin. Le chaos. Fibonnacci et Cantor.
The Garden. The chaos. A mixt between Fibonnacci and Cantor

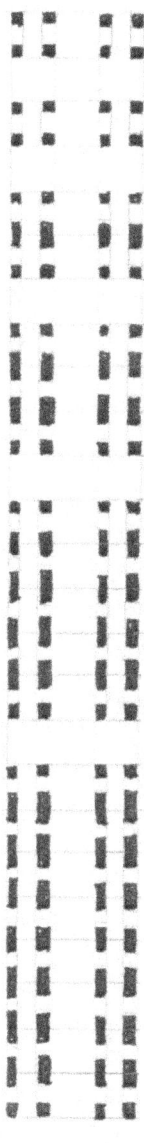
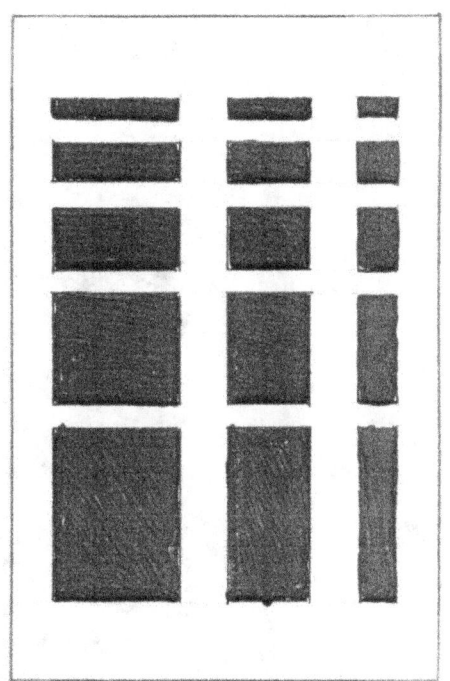
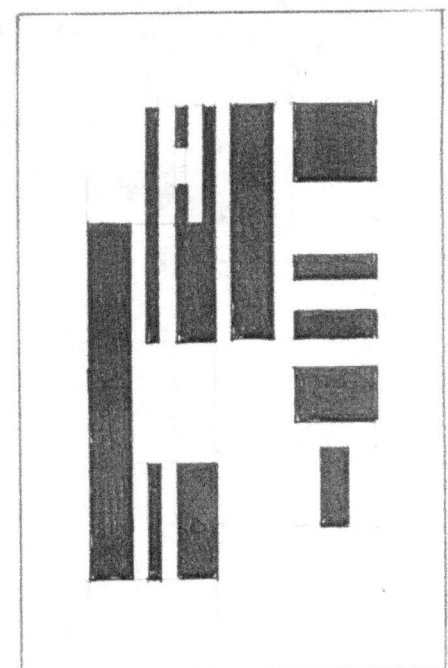

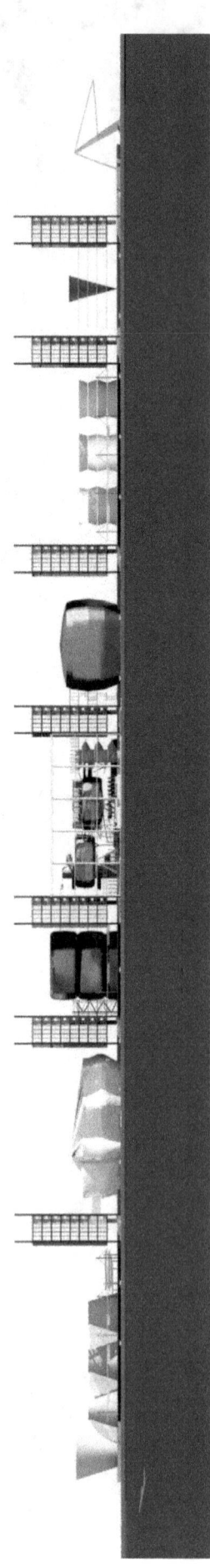

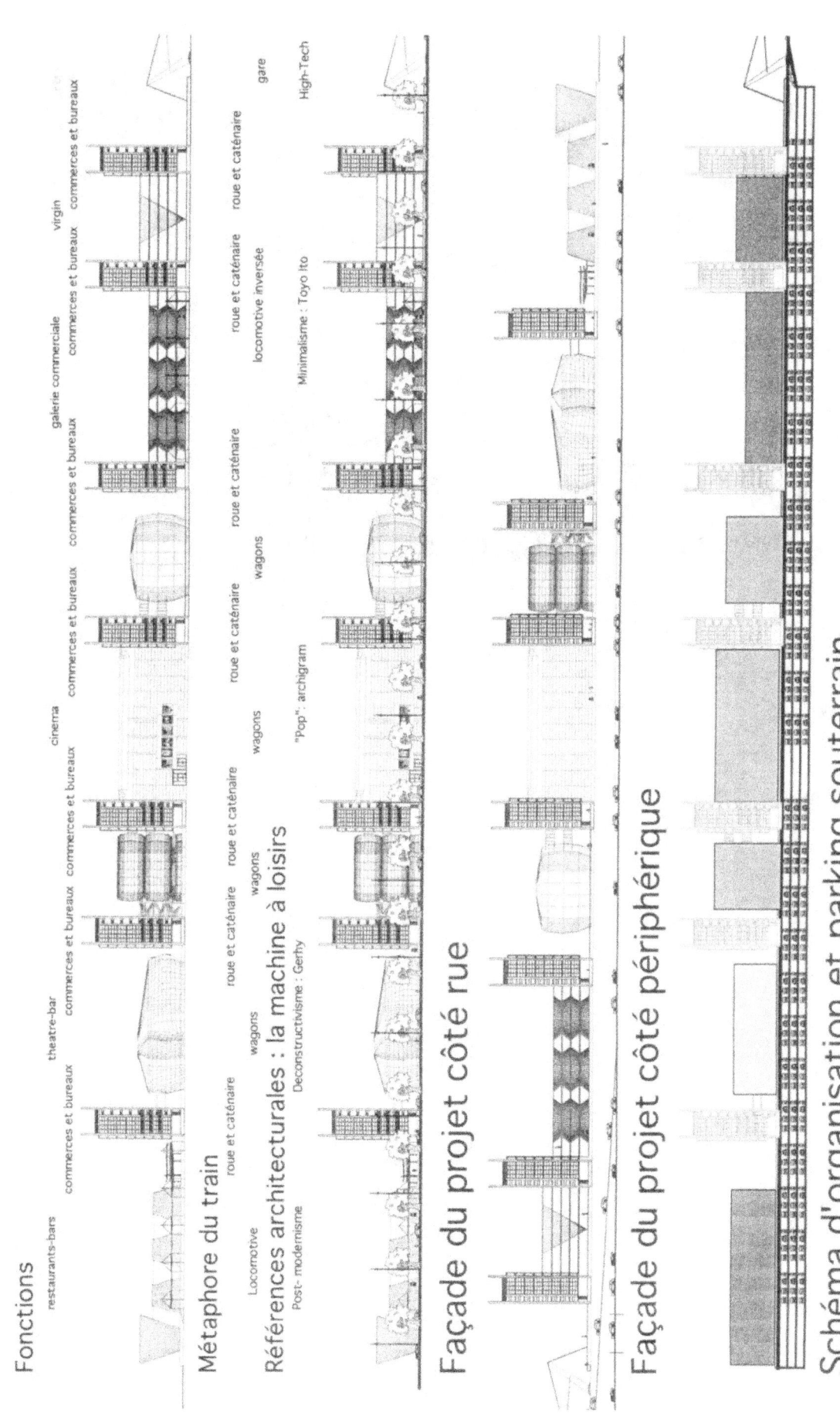

coupe plan masse AA'. Façade nord

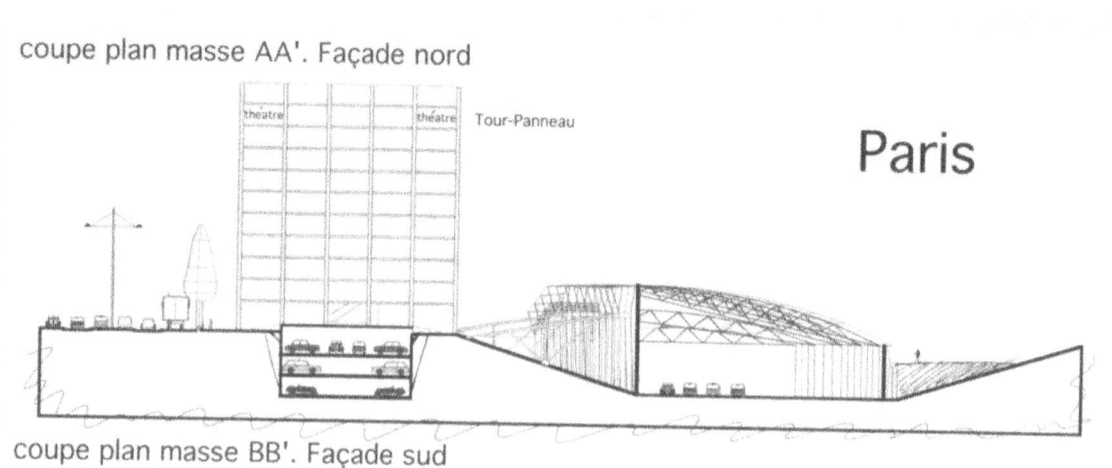

Paris

coupe plan masse BB'. Façade sud

Le demiurge Architecte.
The Architect in work. The demiurge.

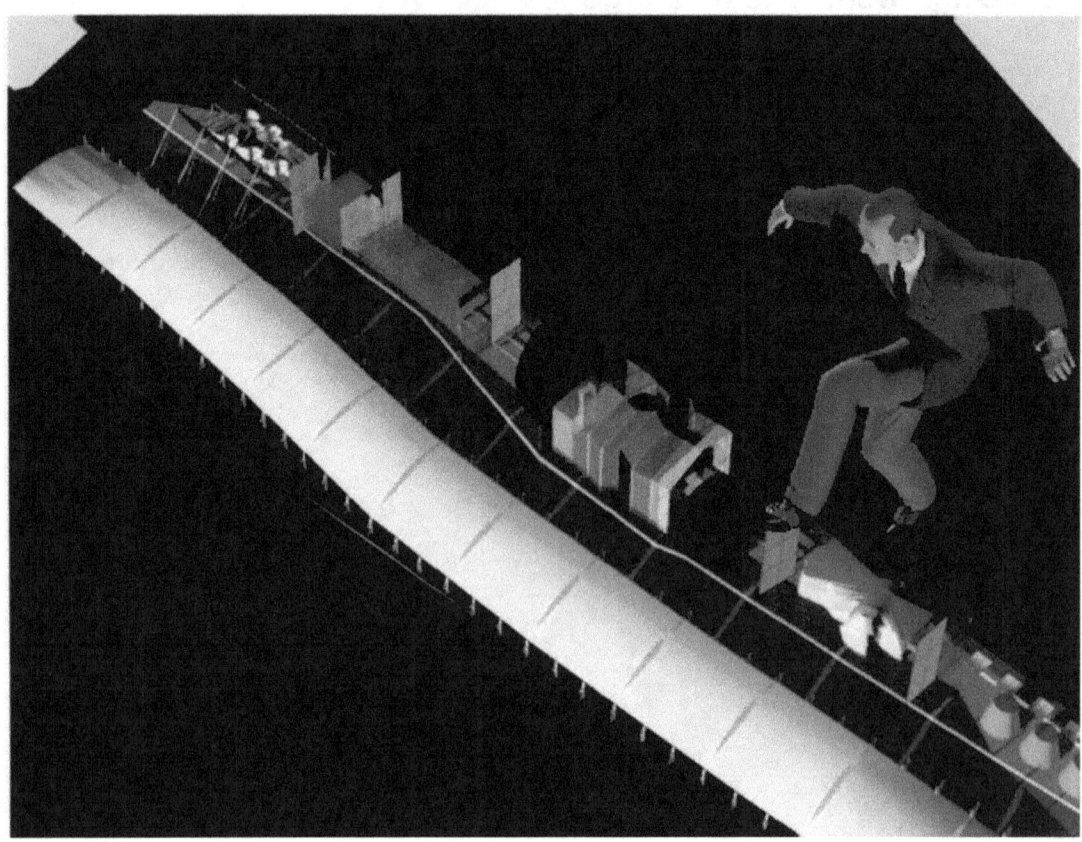

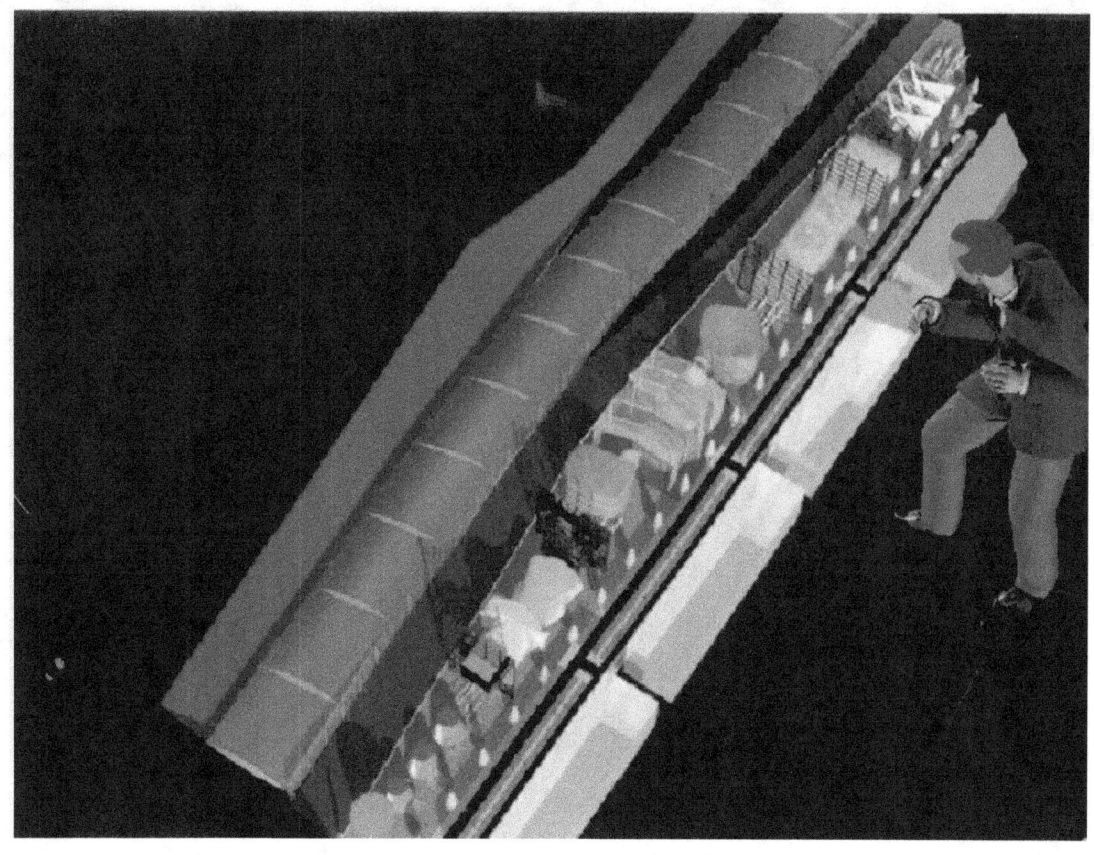

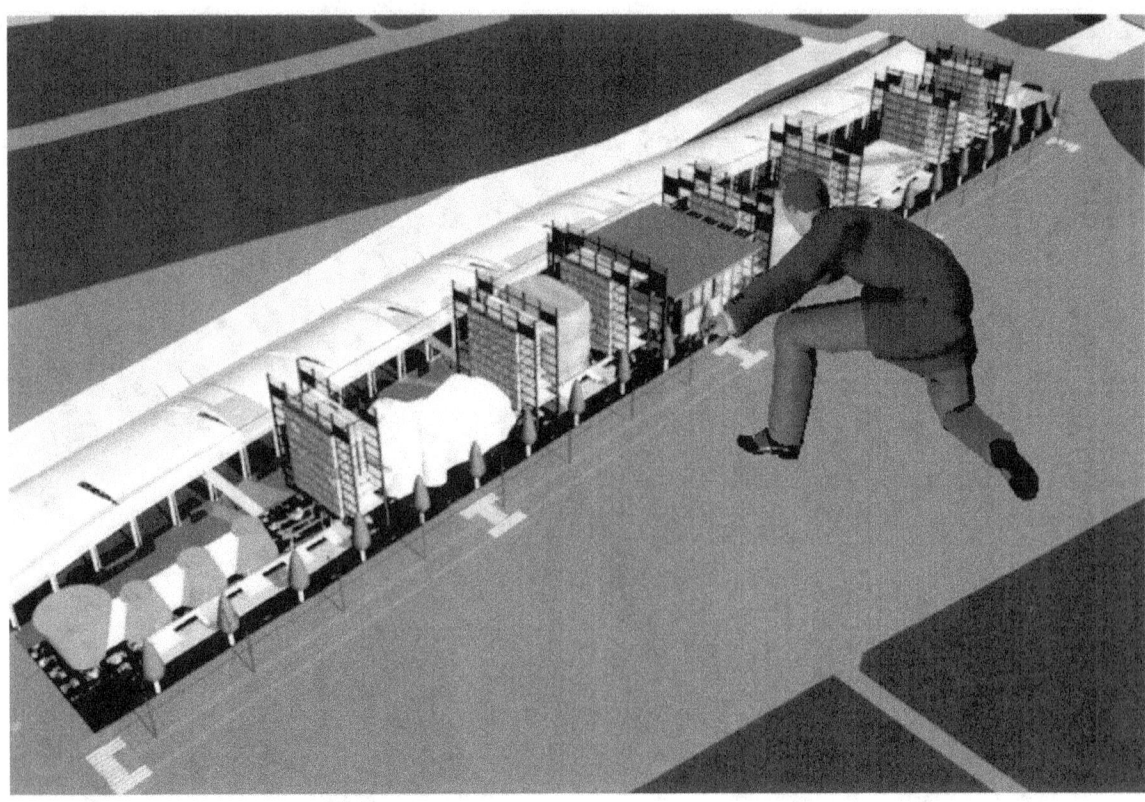

Ce concept peut s'étendre à tout le périphérique.

This concept may be extend to all the ring road.

Conclusion.

Le périphérique est une plaie qui doit être traitée comme précédemment Haussmann le bâtisseur ou le démolisseur de Napoléon III, au choix, a transformé Paris en lui apportant une identité incontestée de nos jours. Or, de De Gaulle à Mitterrand, Paris a été survolée en hélicoptère et la politique s'est mêlée des enjeux de l'avenir. De Gaulle aurait déclaré à Paul Delouvrier (grand commis de l'Etat) : « Delouvrier, mettez-moi de l'ordre dans ce bordel ». Cité par Jean-Pierre Garnier (sociologue, dans un entretien dans l'imbécile de Paris Novembre 2003). On connait la suite, les villes nouvelles et les grands ensembles urbains sont les revers de notre société et de la région Parisienne toute entière. Certes la ville ne se fait pas en un jour, mais la césure entre Paris et sa banlieue est bien liée au périphérique. Un avenir et des mises à jour qui évoluent au grès des urbanistes de l'Etat sans réelle vision, une fois de plus. C'est cette vision d'un morceau du périphérique remodelé, vision plus ample d'une architecture volontariste Haussmannienne, et par-delà une vision métaphorique d'un train que je vous ai fait découvrir à travers des documents d'archives et des images informatiques recalculées, à partir de la maquette informatique conservée.

Conclusion.

The ring road is a wound that needs to be treated as before Haussmann builder or destroyer of Napoleon III, at the choice has transformed Paris by providing an undisputed identity today. But from De Gaulle to Mitterrand, Paris was flew over by helicopter and politics mingled about the challenges of the future. De Gaulle reportedly told to Paul Delouvrier (great servant of the state), "Delouvrier, put me some order in this mess." Quoted by Jean-Pierre Garnier (sociologist, in an interview in "l'imbécile de Paris" review of November 2003). We know what happened, new cities and large urban areas are the reverse of our society in the Paris region as a whole. Certainly the city is not done in a day, but the break between Paris and its suburbs is related to the ring road. A future and updates that evolve planners of the State with no real vision, once again. It is this vision of a piece of the redesigned ring road, wider vision of a proactive "Haussmann" architecture, and beyond a metaphorical vision of a train I did you discover through archive documents and images recomputed from the stored original model.

www.ingramcontent.com/pod-product-compliance
Lightning Source LLC
Chambersburg PA
CBHW081815220526
45470CB00007B/2328